Christian Duquennoi

Les déchets
Du big bang à nos jours

Éditions Quæ

Collection *Carnets de sciences*

Les insectes, histoires insolites
Patrice Leraut
2015, 120 p.

Oiseaux marins, entre ciel et mers
Fabrice Genevois, Christophe Barbraud
2015, 200 p.

Anatomie curieuse des vagues scélérates
Michel Olagnon, Janette Kerr
2015, 176 p.

Géants des profondeurs
Ángel Guerra, Michel Segonzac
2014, 144 p.

Bactéries marines et biotechnologies
Jean Guézennec
2014, 176 p.

Nos abeilles en péril
Vincent Albouy, Yves Le Conte
2014, 192 p.

Étonnantes plantes de montagne
François Couplan
2013, 160 p.

Éditions Quæ
RD 10
78026 Versailles Cedex, France
www.quae.com

ISBN : 978-2-7592-2395-4
ISSN : 2110-2228

Au fond de la nature pousse une végétation obscure :
dans la nuit de la matière fleurissent des fleurs noires.

Gaston Bachelard

Remerciements

Ce livre n'aurait jamais pu exister sans les idées essentielles, l'enthousiasme, la ténacité et le professionnalisme de Véronique Véto-Leclerc. Je tiens à la remercier du fond du cœur.

Je remercie aussi sincèrement tous mes collègues d'Irstea qui ont fourni des idées, des conseils, des relectures avisées et des illustrations.

Ma reconnaissance va également à tous ceux, famille et amis, qui m'ont encouragé pendant la rédaction de ce livre.

SOMMAIRE

Les déchets, la face cachée de notre monde

Les déchets, la face cachée de notre monde

Il y a quelques années lors d'une fête de la science, une petite fille, visiblement très intriguée par les travaux de recherche sur les déchets que je présentais, m'a lancé : « Beurk ! Vous travaillez dans les déchets ? C'est dégoûtant, pourquoi vous faites ça ? » Je lui ai expliqué que c'était important de s'en occuper, qu'on pouvait faire plein de choses en les recyclant, qu'on pouvait aussi les transformer en énergie pour économiser du pétrole... Mais j'ai bien vu à son regard que cela ne la convainquait pas du tout. Les bras croisés, toute renfrognée, elle lâcha un dernier « Beurk ! » avant de s'en aller.

J'ai longtemps souri de cette anecdote, mais à bien y réfléchir elle pose des questions qui me paraissent désormais essentielles. Quel regard portons-nous sur nos propres déchets ? Faut-il changer ce regard ? La science peut-elle contribuer à le changer ? Et finalement, pourquoi un scientifique s'intéresserait-il aux déchets ? N'aurait-il pas des sujets de recherche plus sérieux à traiter ?

Page précédente
Balles de déchets plastique en attente de broyage chez un industriel du recyclage.

Ces voisins que l'on ne regarde pas en face

Chaque jour, nous côtoyons tous des déchets : nous remplissons nos poubelles et nous les sortons pour qu'une entreprise les « élimine ». Souvent, nous les trions. C'est un peu pénible, un peu compliqué, mais nous savons que c'est « bien pour la planète ». Il nous arrive d'entendre parler des problèmes posés par certains déchets. Nous entendons dire qu'il y en a des dangereux, des toxiques. Nous entendons parler des déchets nucléaires et ça nous fait un peu peur. Des campagnes d'information nous disent que nous produisons trop de déchets, qu'il y en a partout, que « ça déborde ». On découvre aussi régulièrement des trafics de déchets, des exportations illégales. Et puis des images souvent terrifiantes, des décharges gigantesques à l'autre bout du monde, dans lesquelles vivent et travaillent des enfants. Tout cela nous indigne, à juste titre. Tout cela nous dégoûte parce que c'est le propre même des déchets, cette matière maudite dont on cherche à se débarrasser le plus vite possible, à éloigner de nos lieux de vie, à bannir de notre monde, de nos pensées.

Le sens du mot « déchet » : étymologie d'un laissé pour compte

Un déchet, c'est ce dont on ne veut plus, ce que l'on « jette ». Et quand on jette, cela finit toujours par retomber, par choir. Ainsi, le déchet signifie étymologiquement ce qui est tombé, ce qu'on a « laissé tomber », abandonné, ce qui est tombé en déchéance, en disgrâce. Et disgracieux, les déchets sont souvent considérés comme tels : on les appelle aussi parfois les « ordures », un mot qui a une racine commune avec « horrible » et « horripilant », ce qui choque, ce qui effraie, ce qui littéralement hérisse le poil !

Dans notre imaginaire aussi bien que dans notre vocabulaire, le déchet est donc ce qui a été « jeté en bas », dans les enfers, les mondes inférieurs, sombres, sales, répugnants, avec toutes les immondices. Les immondices, d'ailleurs, c'est tout ce qui est immonde, ce qui signifie « non-propre » étymologiquement. On leur donne aussi le nom de « détritus », un mot latin qui veut dire « ce qui est usé ».

En anglais, c'est une tout autre racine indo-européenne qui est utilisée pour le mot *waste* qui se traduit par « déchet » en français. Ce mot désigne à l'origine de vastes étendues désertes et vides, sans aucune valeur pour les humains, puis par extension tout ce qui est sans valeur d'échange, ce qui est dépensé sans aucune compensation. Il y a dans *waste* une notion d'irréversibilité, de quelque chose que l'on perd à jamais, qui n'a plus aucune valeur, qui retourne au néant et qui n'en reviendra pas.

Il existe en anglais d'autres mots pour « déchet » : *garbage* vient d'un mot de vieux français qui désigne les viscères de la volaille. On est bien là dans le registre des immondices. Toujours en anglais, *refuse* est le cousin de l'italien *rifiuto* et qui signifie ce que l'on rejette, que l'on refuse de voir et d'utiliser. Le rejet et l'abandon se retrouvent d'ailleurs dans toutes les langues romanes pour traduire la notion de « déchet » : *restos* ou *residuos*, ce qui est « de reste », en espagnol et qui se rapproche de nos « restes » de repas et de nos « résidus » industriels ; *desperdicio*, ce qui est perdu, ou *lixo*, ce qui est laissé, en portugais. Quand de la matière solide se dépose au fond du vin, on appelle cela de la lie, un mot qui possède exactement la même étymologie que *lixo*, le déchet portugais. Et quand on parle de la « lie de la société », on retrouve bien la même valeur péjorative que lorsque l'on parle des déchets, de ce qui est rejeté et méprisé.

C'est le latin *rudus* qui, finalement, emporte la palme du politiquement correct : bien qu'ayant la même racine que l'adjectif « rude », il désigne des débris de matériau solide, des gravats, des décombres. Mais le *rudus* latin possède aussi une connotation qui laisse un peu d'espoir quant à son utilité : il désigne également la masse informe et brute du minerai métallique qui n'est pas encore travaillé, une matière indispensable, précieuse et qui porte la promesse de richesse. On lui doit deux termes français très scientifiques : « rudéral », un adjectif utilisé uniquement en botanique et qui qualifie toutes les plantes qui poussent dans les friches, le long des chemins, à proximité des habitations, sur les décombres et les gravats ; et « rudologie », défini dans les années 1970-1980 comme la science des déchets.

Mais ces voisins embarrassants ne se laissent pas oublier aussi facilement. Et ils sont beaucoup plus complexes qu'on l'imagine. Et aussi beaucoup plus paradoxaux. Car bien sûr les déchets sont omniprésents, surabondants, sales, parfois dangereux. Bien sûr, les déchets, c'est du gaspillage de matière. Mais les déchets, ce n'est pas que ça.

Quand on y regarde d'un peu plus près, avec un regard un peu plus inquisiteur, on est obligé de reconnaître que c'est aussi une matière à transformer, à transmuter. On découvre qu'un déchet n'est pas qu'un possible poison mais est aussi un possible terreau de vie. En effet, on sait désormais qu'il n'y a pas de vie possible sans déchets. On sait que le vivant est obligé de produire des déchets, et que le vivant se nourrit de déchets, depuis la nuit des temps. Quand on les regarde objectivement, les déchets ne sont que de la matière, issue de nos métabolismes, de nos activités, de nos sociétés. Et rien d'autre que de la

Les déchets, c'est officiel !

En droit français de l'environnement, la notion de déchet obéit à une définition précise : est considéré comme déchet « tout résidu d'un processus de production, de transformation ou d'utilisation, toute substance, matériau, produit, ou plus généralement tout bien meuble abandonné ou que son détenteur destine à l'abandon » (art. L541-1 du Code de l'environnement).

Quel que soit l'état de ce qui est abandonné, réutilisable ou non, recyclable ou pas, la loi le considère donc comme un déchet. Le déchet dont on ne peut plus rien faire, celui qui n'est « pas susceptible d'être traité dans les conditions techniques et économiques du moment, notamment par extraction de la part valorisable ou par réduction de son caractère polluant ou dangereux » est lui appelé officiellement « déchet ultime ». Le déchet ultime, comme son nom l'indique est celui que l'on retrouve en fin de cycle, et où peut se concentrer le pire pour un déchet : totalement inutilisable, voire toxique !

Le droit français de l'environnement établit aussi une classification des déchets, en précisant par exemple ce qui définit un déchet dangereux. Une liste de déchets est ainsi officiellement établie et sert de référence juridique à tout ce qui les concerne : de leur production par les ménages, les collectivités ou les industries à leur élimination, en passant par leur transport, leur traitement, leur recyclage, etc.

matière. Comme toute matière, ils portent en eux tous les potentiels. Nous pouvons en faire du poison. Nous pouvons en faire du terreau de vie. Une question de choix de société, mais aussi de choix individuel. Une question de regard.

Un autre regard, c'est aussi ce que les déchets permettent de poser sur nos sociétés, depuis les origines. Les déchets sont les traces du vivant. Les déchets des hommes sont les traces de l'humanité. C'est sur les déchets de notre passé que s'est construite l'archéologie. Et l'exploration des déchets du passé nous apprend beaucoup sur qui nous fûmes. « Dis-moi ce que tu jettes et je te dirai qui tu es » est une phrase que l'on reprendra souvent et qui permettra de mieux comprendre l'histoire de notre relation à la matière, aux autres et au monde qui nous entoure.

Ce double regard objectif, qu'il soit celui que l'on porte sur les déchets ou celui que les déchets nous permettent de porter sur nous-mêmes, c'est le regard scientifique, aujourd'hui si souvent décrié, parfois diabolisé car associé à nombre de dérives technologiques. Mais force est d'admettre que l'on n'a pas encore trouvé mieux que la science pour comprendre. Et il est toujours nécessaire de comprendre pour agir.

Et puis la science, même celle des déchets, c'est d'abord la curiosité, la découverte et l'émerveillement. Oui, on peut être surpris et émerveillé dans le monde des déchets, puisque les déchets nous révèlent la face cachée de notre monde… des étoiles aux microbes.

Les déchets dans le collimateur de la science

Quand Sherlock Holmes fouille les poubelles : l'aventure de la rudologie

1973, université de Caen et université de Tucson dans l'Arizona : des deux côtés de l'Atlantique, deux chercheurs d'origines et de disciplines très différentes se passionnent pour les déchets ménagers. En France, c'est Jean Gouhier, un géographe sensible aux problématiques environnementales émergentes dans les années 1970, qui jette les bases de la rudologie, l'étude scientifique des déchets. Aux États-Unis, William Rathje est un archéologue spécialiste des civilisations précolombiennes. Quand il prend conscience que ce qu'il retrouve en fouille n'est autre que ce que les Mayas ont jeté, il décide d'appliquer les principes de l'archéologie à l'étude des déchets contemporains.

Être chercheur dans le domaine des déchets, c'est souvent à mi-chemin entre fouille archéologique et enquête policière !

Il nomme son approche la *garbology*, à partir du mot anglais *garbage* qui s'applique plutôt aux ordures ménagères. Indépendamment l'un de l'autre, les deux scientifiques élaborent des concepts et des méthodes semblables. L'idée de base ? Une analyse fine des déchets d'un groupe humain (une famille, un quartier, une ville) permet de comprendre son comportement, ses activités, ses pratiques, son niveau économique, culturel et social. C'est en fait une idée ancienne dans son principe, déjà utilisée par les agents du fisc pour débusquer des fraudeurs dont le train de vie ne correspond pas aux déclarations de revenus ! Les espions de tout poil savent aussi depuis longtemps que fouiller le contenu des poubelles peut permettre de récolter des informations très précieuses. Les méthodes développées par les chercheurs ? Les mêmes que celles des espions et des détectives : emporter les poubelles dans un laboratoire et tout sortir, tout peser, tout trier, tout classer, tout enregistrer.

En comparant ce qu'ils trouvent effectivement dans les poubelles et ce que les habitants déclarent avoir jeté, les chercheurs découvrent des écarts considérables : volontairement ou involontairement, on cherche souvent à cacher la réalité de sa consommation, de son mode de vie. Les déchets eux, ne mentent jamais... ils nous trahissent toujours.

Mais ce n'est pas tout. Jean Gouhier et William Rathje ont démontré que le travail de détective des rudologues ne permet pas que de s'immiscer dans les vies privées, il est avant tout un moyen scientifique extrêmement efficace pour définir une société, pour la décrire encore plus fidèlement que par les

Les poubelles françaises classées par la rudologie

À la fin des années 1980, le rudologue Jean Gouhier établit quatre catégories de poubelles à partir de ses travaux de recherche :

- les **poubelles de l'abondance** des beaux quartiers de la haute société. Elles recèlent, outre les emballages de produits de luxe, les témoignages des évènements politiques et culturels et une presse diversifiée ;
- les **poubelles du choix possible** des quartiers d'habitat individuel aisé de la classe moyenne. Elles sont caractérisées par les témoins de la consommation abondante de fruits et légumes variés et de produits carnés frais ;
- les **poubelles du nécessaire** des grands immeubles locatifs de la classe populaire. On y trouve les traces de la consommation de masse (barquettes de viande, emballage de plats préparés...), peu de traces de produits frais et peu de journaux ;
- les **poubelles de l'indispensable**, des faibles revenus et des démunis, situés essentiellement en zones rurales à l'époque de cette étude. La quantité de déchets était assez faible et l'alimentation y laissait peu de traces.

indicateurs socio-économiques classiques. Un de leurs successeurs, Gérard Bertolini, directeur de recherche au CNRS, compare l'analyse des déchets selon les méthodes de la rudologie à l'analyse ADN : une véritable carte d'identité, en négatif, de nos quartiers, de nos collectivités, de nos territoires et de leurs structures, de leurs strates sociales, et de l'évolution des comportements.

Déchets, étoiles, microbes et machines à vapeur : le grand bazar de la thermodynamique

Un des concepts les plus remarquables de la rudologie est donc bien le fait que les déchets représentent une « empreinte digitale » presque parfaite du groupe ou de la société humaine qui les produit.

Ce concept, fondé au départ uniquement sur les observations expérimentales de Gouhier et Rathje, est en fait le résultat des lois de la physique. Pour nous en convaincre, plongeons-nous à nouveau dans les découvertes scientifiques des années 1970. Lors de cette décennie décidément riche pour notre compréhension de la science des déchets, un physicien belge, Ilya Prigogine, bouleverse la thermodynamique. La thermodynamique est, depuis la fin du XVIIIe siècle, la science de la chaleur et des machines thermiques. C'est elle qui a permis l'essor des machines à vapeur puis des moteurs à combustion actuels.

Jusqu'à Prigogine, elle s'applique essentiellement à la compréhension de la matière à l'équilibre sous toutes ses formes – les solides, les liquides, les gaz – et des mécanismes tels que le magnétisme ou la transformation de la chaleur en énergie mécanique. Que signifie « à l'équilibre » en thermodynamique ? Pour simplifier, il s'agit de l'état atteint au bout d'un temps suffisamment long par un système isolé, qui n'interagit pas avec son environnement. Par exemple, quand on verse de l'eau chaude et des cubes de glace dans une bouteille thermos et qu'on la referme, au bout d'un certain temps, il n'y aura dans la bouteille que de l'eau tiède, à la même température en tout point. L'eau aura atteint l'état d'équilibre thermodynamique. Il n'y a plus qu'un seul liquide à une température unique, uniforme, à la place d'une eau chaude dans laquelle baignent des cubes de glace à température négative. La coexistence de l'eau chaude et de la glace trahit un système hors équilibre, tandis que l'eau dans un seul état, liquide, et à une seule température est typique d'un système à l'équilibre.

Prigogine et ses successeurs montrent, quant à eux, que les grands mécanismes de l'univers, depuis le big bang jusqu'aux sociétés humaines sont en fait des processus très éloignés de l'équilibre thermodynamique. Ce sont, de plus, des processus qui créent de l'ordre dans l'univers. C'est une révolution scientifique. De nombreux physiciens opposent alors aux théories de Prigogine la seconde loi de la thermodynamique qui explique que tout système isolé ne peut que spontanément évoluer vers plus de désordre. Reprenons l'exemple de notre bouteille thermos : la seconde loi de la thermodynamique prédit ce qui va se passer. Le système constitué par l'eau chaude et les glaçons représente

La thermodynamique, la science de la matière sous toutes ses formes, a accompagné pendant tout le XIXe siècle la grande époque des machines à vapeur.

un certain niveau d'ordre, une certaine quantité d'information nécessaire pour décrire le système, la quantité de glace par rapport à la quantité d'eau, la taille et le nombre des glaçons, etc. Le système à l'équilibre, quant à lui, est beaucoup plus désordonné, désorganisé : on a besoin de beaucoup moins d'information pour le décrire car il n'y a plus qu'une forme d'eau. On a perdu toute information sur la quantité initiale de glace, sur le nombre de glaçons, etc. On a donc bien respecté la seconde loi de la thermodynamique : isolé, le système a évolué spontanément, naturellement, vers plus de désordre. Il a même évolué jusqu'à l'état de désordre maximal pour lui : son équilibre thermodynamique.

Alors, que signifie la découverte de Prigogine, découverte tellement importante qu'elle lui vaudra le prix Nobel de Physique en 1977 ? Tout simplement que la plupart des systèmes que nous observons, les galaxies, les étoiles, les planètes, un grand nombre de mécanismes physiques et de réactions chimiques, mais aussi les êtres vivants, sont des systèmes non pas isolés mais ouverts sur leur environnement. La seconde loi de la thermodynamique ne s'y applique donc pas aussi simplement. Pour comprendre et analyser ces

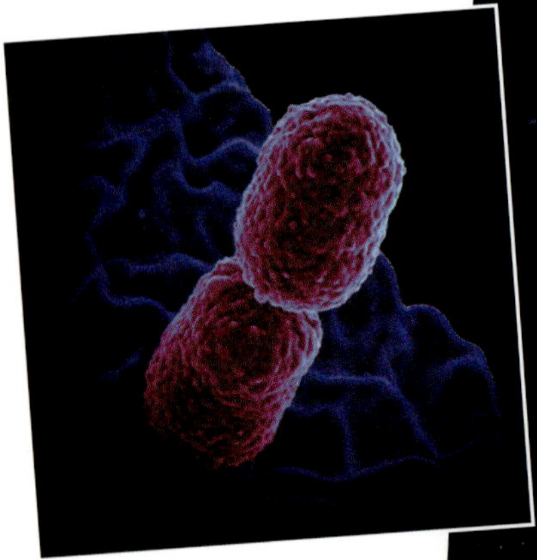

Des galaxies aux bactéries, les structures dissipatives peuplent notre univers. Pour les comprendre, il faut faire appel aux lois de la thermodynamique hors équilibre.

systèmes, il faut les observer dans l'environnement avec lequel ils interagissent, échangeant en permanence de l'énergie et de la matière.

Ces systèmes, que Prigogine nomme « structures dissipatives » sont de véritables machines à transformer l'énergie et la matière qui proviennent de leur environnement et à fabriquer de l'ordre. Nous voyons tout de suite que notre bouteille thermos remplie d'eau chaude et de glaçons est tout sauf une structure dissipative, elle en est même l'exact opposé puisqu'elle n'échange ni matière ni énergie avec son environnement, et que par conséquent elle ne peut qu'évoluer vers l'équilibre thermodynamique, vers le désordre. Quelques exemples de structures dissipatives ? Les étoiles, qui transforment l'énergie gravitationnelle en rayonnement électromagnétique, c'est-à-dire en lumière, en ultraviolets, en infrarouges, en rayons X, en ondes radio et en rayonnements ionisants ; les planètes, qui transforment elles aussi l'énergie gravitationnelle en rayonnement électromagnétique mais à beaucoup plus faible température que les étoiles, dans l'infrarouge, c'est-à-dire qu'elles rayonnent de la chaleur. Les tourbillons qui naissent dans les fluides en mouvement à grande vitesse sont aussi des structures dissipatives : un tourbillon dans l'eau n'est jamais constitué des mêmes molécules d'eau à deux instants différents, l'eau s'y écoule continuellement. Le tourbillon échange en permanence de l'eau avec son environnement, c'est ce qui lui permet de se maintenir sous la forme d'une structure, ordonnée, plus organisée que le reste de l'écoulement environnant. Une des caractéristiques de cette organisation de la matière au sein du tourbillon est son orientation bien particulière, l'eau tournant toujours dans le même sens au sein du même tourbillon.

La thermodynamique, l'entropie et le vivant

La thermodynamique, une branche de la physique, est la science des systèmes à l'équilibre. Elle a été élaborée au XIXe siècle par les concepteurs de machines thermiques, à l'apogée de la vapeur. Mais depuis les travaux d'Erwin Schrödinger (1887-1961) et d'Ilya Prigogine (1917-2003), au milieu du XXe siècle, la thermodynamique est appliquée aux systèmes biologiques. On a pu ainsi exprimer en termes thermodynamiques une des propriétés fondamentales du vivant : la capacité à s'auto-conserver, à maintenir en état sa propre structure interne et son propre fonctionnement.

D'un point de vue thermodynamique, tout se passe en effet comme si le vivant créait en permanence de l'ordre, ses propres structures sans cesse renouvelées, dans un univers qui tend spontanément vers de plus en plus de désordre.

Les thermodynamiciens Rudolf Clausius (1822-1888) puis Ludwig Boltzmann (1844-1906) ont élaboré la notion d'entropie, qui définit le degré de désordre d'un système. Quand on range sa chambre on diminue l'entropie de sa chambre, quand on répare sa voiture on diminue l'entropie de sa voiture ! Clausius et Boltzmann ont montré qu'un système physique isolé, c'est-à-dire qui n'échange ni matière ni énergie avec son environnement, ne peut qu'évoluer vers un état d'équilibre, le plus stable mais le plus désordonné. Un état où l'entropie, le degré de désordre, est maximale. C'est cette propension universelle au désordre que l'on nomme la seconde loi, ou second principe, de la thermodynamique. Ce principe s'observe aisément au quotidien : si on ne fait aucun effort, si on ne dépense aucune énergie pour ranger, pour organiser, pour entretenir, pour réparer, tout autour de soi finit par ressembler à un gigantesque chaos ! Un autre exemple : une pile de livres, qui représente une première forme de rangement, est instable ; une pile de livres écroulée est beaucoup plus stable… mais beaucoup moins ordonnée ; son entropie est supérieure à celle de la pile encore formée. Selon cette optique, un organisme vivant est un créateur d'ordre, un système qui s'auto-ordonne. Donc qui diminue lui-même son entropie. Ou, pour reprendre le terme de Schrödinger, qui crée de la néguentropie, de l'entropie négative. Pour accomplir cette prouesse thermodynamique, qui va à l'encontre de la tendance des systèmes isolés, le système-organisme doit être ouvert, c'est-à-dire parcouru par un flux continu de matière et d'énergie, et transférer un excédent d'entropie, de désordre, vers l'extérieur. C'est ce que Prigogine appelait une « structure dissipative ». Dissipative de quoi ? D'énergie ! En effet, pour se maintenir en vie, l'organisme doit consommer énormément d'énergie. Il doit aussi en permanence se maintenir éloigné de son état d'équilibre thermodynamique, ce qui le rend fragile et instable. Mais fragilité et instabilité sont des caractéristiques de la vie. Là encore, c'est la thermodynamique qui nous l'apprend : un organisme vivant ne se stabilise vraiment, ne se rapproche de l'équilibre thermodynamique, ne maximise son entropie… que quand il meurt ! À l'image de la pile de livres qui s'écroule.

Sur la tombe du physicien Ludwig Boltzmann à Vienne, on peut lire la formule de l'entropie qu'il a élaborée dans les termes de la physique statistique, science dont il est le fondateur.

Les déchets au cœur des lois de la physique

Les déchets dans tout ça ? Ils ne sont rien moins que la matière sortant d'un tel système, la matière exportée par une structure dissipative. On pourrait même à juste titre étendre la notion de déchet à l'énergie exportée par une structure dissipative, puisque nous savons depuis Albert Einstein et sa théorie de la relativité restreinte que matière et énergie sont les deux faces d'une même réalité. Toutes les structures dissipatives importent donc de l'énergie et de la matière, ce que l'on appelle « ressources », et exportent de l'énergie

L'étoile en fin de vie ESO 456-67, appelée aussi « œil de Sauron », située à 10 000 années-lumière de la Terre, photographiée par le satellite Hubble. Les différentes couleurs correspondent à différentes énergies de rayonnement des gaz expulsés, permettant de comprendre le fonctionnement intime de cette lointaine structure dissipative.

et de la matière, que l'on appelle « déchets ». Reprenons nos exemples de structures dissipatives et jetons un œil à leurs déchets. Les étoiles, tout d'abord. Elles exportent essentiellement de l'énergie, sous forme de rayonnement électromagnétique comme nous l'avons déjà dit. Ce rayonnement électromagnétique est le déchet énergétique de la structure dissipative « étoile ». Et comment les astrophysiciens caractérisent-ils les étoiles ? Par leur rayonnement, bien évidemment, tant quantitativement que qualitativement, par le spectre des longueurs d'ondes émises, ainsi que par les raies d'absorption du rayonnement. Chaque étoile dispose de sa « carte d'identité », de son « empreinte digitale », décrivant précisément la nature de ses déchets énergétiques et permettant ainsi de caractériser sa composition, ses propriétés intrinsèques, son comportement.

L'analogie avec le principe central de la rudologie est frappante. Le rayonnement est aux étoiles ce que les déchets sont à une société humaine. L'astrophysicien soumet l'étoile à la même injonction que celle du rudologue à son interlocuteur humain : « Dis-moi ce que tu jettes et je te dirai qui tu es ! » Cela ne doit plus nous étonner dès lors que nous réalisons qu'une société humaine est elle aussi une structure dissipative. Les organismes vivants sont tous des structures dissipatives, ils comptent même parmi les structures dissipatives les plus complexes de l'univers. On peut facilement le comprendre en regardant les organismes les plus simples, unicellulaires : leur structure se maintient dans l'espace et dans le temps en échangeant en permanence de la matière et de l'énergie avec l'environnement, par des jeux de mécanismes extrêmement complexes dont certains – comme les réactions enzymatiques – sont eux-mêmes des structures dissipatives. Les organismes pluricellulaires sont des assemblages complexes de cellules dont chacune est une structure dissipative, formant un tout, un individu qui est lui aussi une structure dissipative, que l'on pourrait donc qualifier d'hyperstructure dissipative, une structure dissipative composée de plusieurs structures dissipatives. Les écosystèmes sont des hyperstructures dissipatives encore plus complexes, à un niveau hiérarchique encore plus élevé, composés de millions, voire de milliards d'organismes interagissant entre eux et avec leur environnement. Notre planète Terre elle-même, avec toutes ses composantes physiques, chimiques et biologiques, en interaction complexe et permanente, est une gigantesque structure dissipative, analogue à un être vivant… que James Lovelock et Lynn Margulis, deux chercheurs en écologie scientifique, eux aussi très actifs dans les années 1970, ont nommé « Gaïa ».

Et les sociétés humaines ? Elles ne se constituent et se maintiennent qu'au prix de l'apport d'une très grande quantité de matière et d'énergie, nécessaire non seulement à chacun des individus qui la composent mais à la construction et au maintien des structures qui tiennent assemblées toutes les composantes de la société : habitations, infrastructures et moyens de transport, unités de production agricole et industrielle, activités culturelles, centres de pouvoir économique et politique, etc. Nos sociétés ressemblent à de gigantesques organismes aussi bien qu'à des écosystèmes. Et les déchets produits par nos sociétés sont ceux que l'on connaît le mieux, en tout cas en tant que déchets, car ce sont eux que l'on a d'abord baptisés ainsi.

Les déchets, une fatalité ?

Que peut nous apprendre la thermodynamique sur nos déchets, sur les déchets de nos sociétés ? La thermodynamique hors équilibre de Prigogine nous dit tout d'abord que, pour se maintenir, toute structure dissipative doit importer de la ressource et exporter du déchet. Dès que la structure est privée de ressources ou ne peut plus exporter ses déchets, elle retourne à l'équilibre thermodynamique, c'est-à-dire qu'elle disparaît en tant que structure, elle

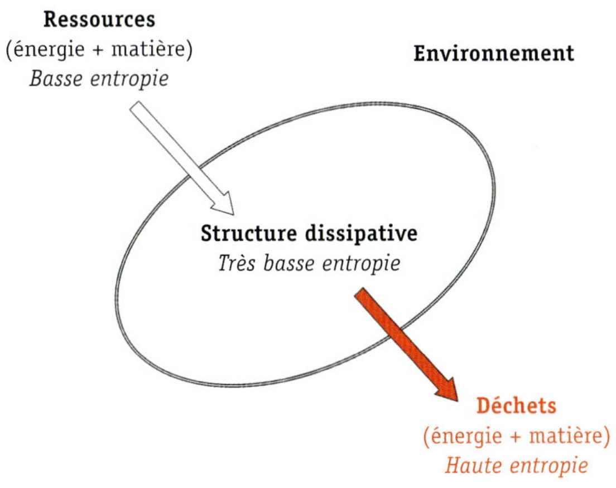

Toutes les structures dissipatives, des étoiles aux microbes, fonctionnent sur le même principe thermodynamique : s'auto-entretenir en important de la matière et de l'énergie relativement bien ordonnées (les ressources), d'assez basse entropie, et en exportant de la matière et de l'énergie désordonnées (les déchets), de haute entropie. En conséquence, elles désorganisent leur environnement, elles augmentent son entropie.

se désorganise, elle se dissout dans le désordre qui l'environne. La matière et l'énergie qui la constituaient se dispersent, la structure meurt. Pour résumer, une structure dissipative qui ne produit pas de déchet, énergétique ou matériel, ça n'existe pas ! Et cela vaut aussi bien pour les étoiles que pour les microbes, les animaux ou les groupes humains. Il n'y a pour s'en convaincre qu'à regarder ce qui arrive à un organisme complexe comme un être humain quand il ne peut plus évacuer les déchets de son métabolisme, par exemple en cas d'insuffisance rénale aiguë. Si rien n'est fait en urgence pour rétablir la fonction d'évacuation des déchets de l'organisme ou pour la remplacer par la dialyse, le décès intervient très rapidement.

La thermodynamique « classique », et en particulier sa seconde loi, nous dit quant à elle quelque chose de tout aussi intéressant : pour compenser l'ordre local, concentré au sein de la structure dissipative, son environnement doit se désorganiser. C'est obligatoire, c'est une loi fondamentale et inviolable de la physique. Comment l'environnement se désorganise-t-il ? Tout simplement par l'échange d'énergie et de matière avec la structure dissipative : la structure importe de la matière et de l'énergie de « bonne qualité », que l'on appelle aussi de « basse entropie » dans le jargon de la thermodynamique, s'en sert pour se reconstruire en permanence, et rejette de la matière et de l'énergie de « mauvaise qualité », que l'on appelle aussi de « haute entropie », c'est-à-dire désorganisée, dégradée. On retrouve bien ici la notion de déchet, la matière déchue. Et on voit également grâce à la thermodynamique ce qui menace, à terme, toute structure dissipative : si son environnement physique ne peut pas se renouveler, toute la matière et l'énergie de cet environnement vont progressivement se désorganiser, perdre leur qualité, devenir « de haute entropie », jusqu'à ne plus pouvoir être utilisées par la structure dissipative qui, privée de son flux d'entropie, va irrémédiablement disparaître. Pour simplifier le concept thermodynamique à l'extrême, on pourrait dire que ce qui menace les structures dissipatives, c'est d'épuiser les ressources de leur environnement et de les remplacer par leurs déchets accumulés. Des exemples de crise des déchets émaillent l'histoire de notre planète. À plusieurs reprises, le vivant a failli périr de l'accumulation de ses déchets et de la désorganisation de l'environnement physique. Mais la bonne nouvelle, c'est que le vivant a évolué en conséquence, s'est organisé pour recycler ses déchets, et c'est là un des mécanismes fondamentaux des écosystèmes.

Devant ces observations scientifiques, on est légitimement amené à se poser une question fondamentale : sommes-nous, nous les humains et nos sociétés, condamnés par les lois de la physique à disparaître tôt ou tard, privés de nos ressources et intoxiqués par nos propres déchets ?

Fléau ou ressource ?

Une question de point de vue

Tout dans l'univers nous le démontre : le déchet de l'un peut devenir la ressource d'un autre. Revenons à nos exemples tirés des lois de la physique : une étoile comme notre soleil produit des quantités considérables de déchets énergétiques sous forme de rayonnement électromagnétique. Et c'est notre planète Terre et la vie qu'elle héberge qui en bénéficient. Sans la lumière et la chaleur du soleil, pas la moindre vie ne serait possible sur Terre, bien entendu. À notre échelle, il suffit de se promener en forêt et de regarder à ses pieds pour observer la multitude des organismes qui recyclent les déchets végétaux ou animaux : les champignons qui poussent sur les feuilles mortes, les coléoptères qui se nourrissent des excréments des mammifères et les armées de vers de terre qui engloutissent chaque année des tonnes d'humus et de terre végétale. Sans parler de tous les animaux, des plus petits insectes aux mammifères de bonne taille qui, tôt ou tard, visitent le contenu de nos poubelles pour y trouver pitance !

Une question de quantité

« On croule sous les déchets. » Nous entendons tous cette phrase depuis quelques années. À juste titre car les quantités produites actuellement par l'espèce humaine sont phénoménales : 15 milliards de tonnes de déchets solides par an. À titre de comparaison, on consomme chaque année 4 milliards de tonnes de pétrole et à peu près 12 milliards de tonnes de béton, le matériau dominant à l'échelle planétaire. Aux déchets solides s'ajoutent chaque année 30 milliards de tonnes d'émissions gazeuses, qui ont des effets désormais démontrés sur l'évolution du climat de la planète, et plus de 500 milliards de tonnes d'eau usée. On a souvent du mal à reconnaître les émissions gazeuses et les eaux usées comme des déchets et on leur donne rarement ce nom. Mais ce sont bien des déchets, comme nous l'enseigne la thermodynamique : c'est de la matière usée, désorganisée et exportée par la gigantesque structure dissipative que forme la société humaine planétaire, ce que l'on appelle l'anthroposphère.

Comment en est-on arrivé à ces quantités ? La rudologie a démontré scientifiquement que la quantité et la nature des déchets produits par une société sont un indicateur fiable de son niveau de développement. Nos sociétés

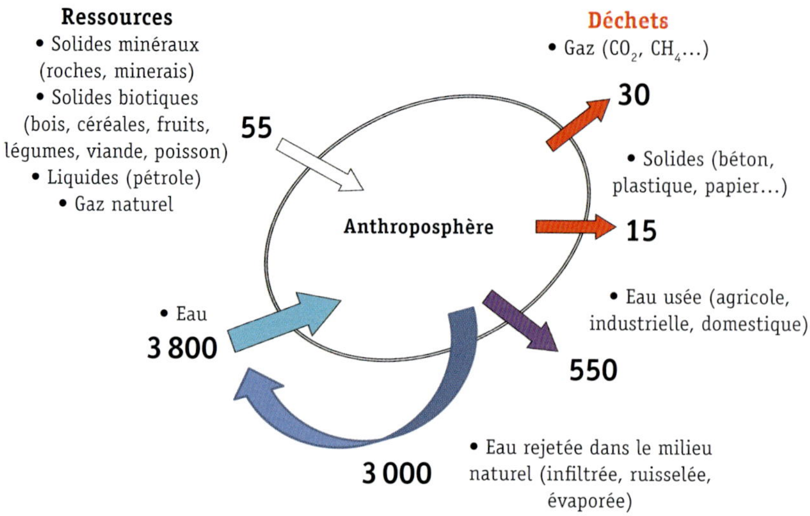

Toutes les valeurs sont en milliards de tonnes par an.

L'anthroposphère, constituée par l'ensemble des êtres humains et de leurs activités sur l'ensemble de la planète, peut être représentée comme une structure dissipative, traversée par de gigantesques flux de matière. En termes de quantité, c'est l'eau qui domine ces flux. D'un point de vue thermodynamique, les déchets exportés par ce système à l'échelle planétaire sont composés de gaz (essentiellement des gaz à effet de serre), de liquides (essentiellement de l'eau usée, polluée) et de solides (minéraux et organiques).

modernes, par leur développement, ont tout d'abord permis un extraordinaire essor démographique : on estime que la population mondiale a pratiquement triplé au cours des 50 dernières années. Il n'est donc pas étonnant que nous produisions collectivement plus de déchets que nos ancêtres de la préhistoire, à peu près mille fois moins nombreux que nous. Mais en parallèle, notre niveau de développement a entraîné, pour chaque individu, une explosion de la consommation de ressources et de la production de déchets.

À quand remonte cette augmentation considérable ? Sans aucun doute au XXe siècle qui voit dans un premier temps se concrétiser les conséquences de la révolution industrielle puis, après la seconde guerre mondiale, s'établir une société d'hyperconsommation construite sur l'exploitation des ressources pétrolières. Ce modèle économique concerne d'abord les pays industrialisés puis s'impose rapidement à l'ensemble de la planète.

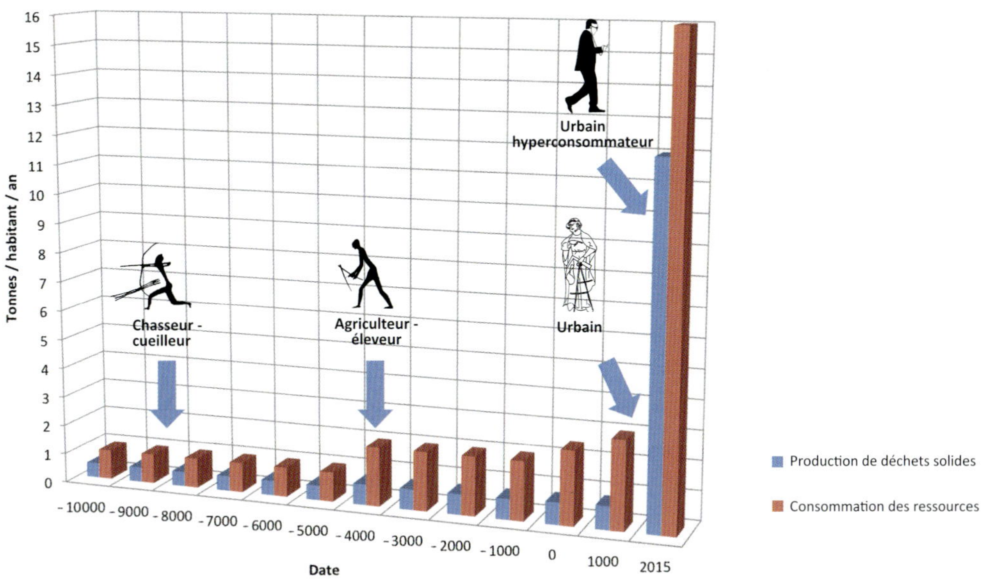

Dans un pays comme la France, la consommation des ressources et la production de déchets solides par habitant a connu deux phases d'expansion majeures : la révolution néolithique qui nous a vus passer d'une vie de chasseur-cueilleur à celle d'agriculteur-éleveur au cours du ve millénaire av. J.-C., et la révolution de l'hyperconsommation, initiée au XIXe siècle avec la révolution industrielle et pleinement exprimée à partir des années 1950-1960 avec une économie fondée sur la consommation des ressources pétrolières.

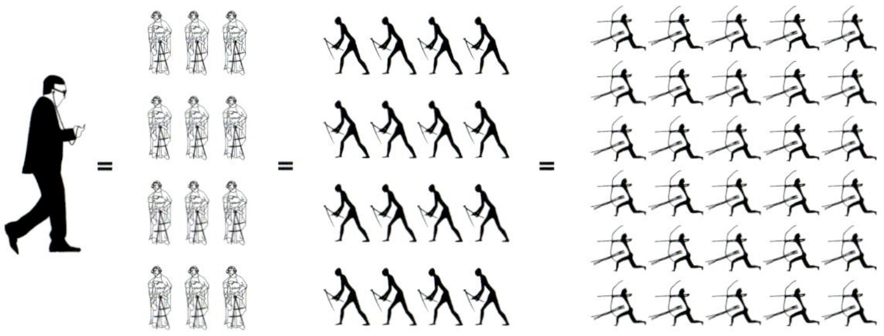

On estime que, tant en termes de consommation de ressources que de production de déchets solides, un Français de 2015 équivaut à 12 habitants d'une ville comme Paris au Moyen Âge, 16 agriculteurs-éleveurs du Néolithique (aux alentours de 4 000 ans av. J.-C.) ou une trentaine de chasseurs-cueilleurs du Paléolithique (vers 10 000 ans av. J.-C.). Le titre d'hyperconsommateur n'est donc pas usurpé. Dans le même temps, entre le Paléolithique et aujourd'hui, la population du pays a été multipliée par 1 000 !

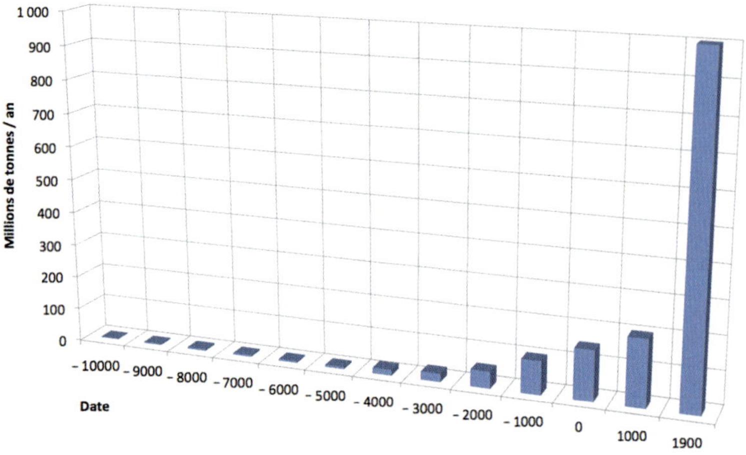

Pour l'ensemble de l'anthroposphère, la production de déchets solides a explosé au cours des dernières décennies, à tel point que nous devons représenter cette évolution à travers les âges à l'aide de deux graphiques distincts : de la préhistoire au xxe siècle…

Alors, a-t-on atteint les capacités de notre environnement à encaisser un tel désordre ? Aucun scientifique n'est capable de répondre à cette question avec des arguments imparables. Dans le domaine de l'eau, les spécialistes nous affirment que la dégradation de la qualité de la ressource est en passe de devenir un problème majeur, en particulier dans les pays en développement où 90 % des eaux usées urbaines sont rejetés dans les rivières et les océans. Pour ce qui concerne les émissions gazeuses, et en particulier les gaz à effet de serre, nous savons désormais que les climats de la planète sont déjà perturbés et seront peut-être bouleversés si rien n'est fait dans les années à venir pour réduire la production de ces gaz. Dans le domaine des déchets solides, de nombreux spécialistes estiment que les indicateurs sont « au rouge », mais leur opinion est controversée car les effets sur l'environnement sont moins clairement établis que dans les domaines de l'eau et des gaz.

Une question de qualité

Mais il ne suffit pas de compter les milliards de tonnes de déchets que nous produisons. Le problème que nous posent nos déchets n'est pas qu'une question de quantité, mais aussi une question de qualité, c'est-à-dire de ce qu'ils renferment et de l'impact de ces composants sur notre santé et celle de notre

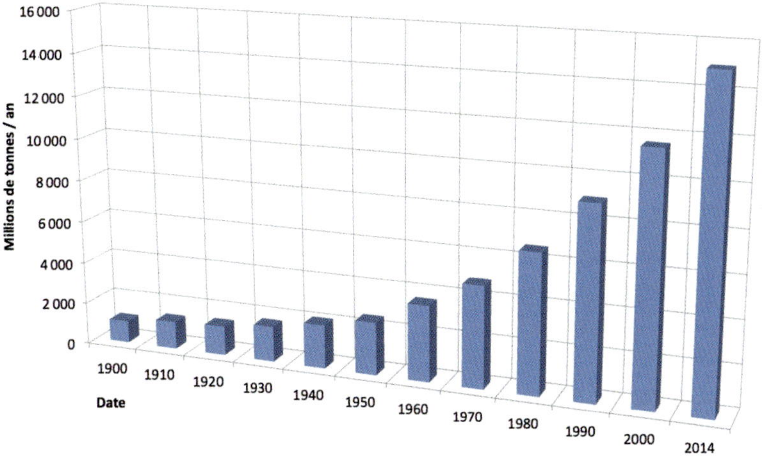

... puis au xxe et au début du xxie siècle, tellement les échelles sont différentes ! En cause, l'explosion démographique autant que l'évolution du mode de vie vers l'hyperconsommation généralisée et mondialisée, même s'il existe une très grande disparité des niveaux de vie, par exemple entre pays industrialisés et pays en développement. Aujourd'hui, chaque être humain produit en moyenne à l'échelle mondiale 2 tonnes de déchets solides par an, soit autant qu'un habitant de Paris en 1900. Si tout continue à ce rythme, démographie comme augmentation de la production de déchets par habitant, on devrait atteindre 25 milliards de tonnes de déchets solides produits chaque année à partir de 2050. Les hypothèses les plus pessimistes prédisent jusqu'à 45 milliards de tonnes annuelles en 2100, soit trois fois la production actuelle.

environnement. Nos déchets sont hétérogènes : certains sont des plastiques, d'autres des épluchures de légumes, du béton, de la ferraille, du bois, du papier, du carton... mais aussi des produits chimiques, des solvants, de la peinture, de l'huile de moteur, des composants électroniques... et, en plus petites quantités, du combustible nucléaire usé. Sur la masse totale de déchets que nous produisons, on estime que 4 % sont des déchets dangereux : des déchets domestiques (nos peintures et produits chimiques divers), des déchets industriels, des déchets électroniques, des déchets automobiles et les déchets nucléaires. Ils renferment tous de petites bombes à retardement, des molécules toxiques ou des particules radioactives qui, même en petites quantités, ont une fâcheuse tendance à voyager dans notre environnement, dans l'air, dans les sols, dans l'eau, et tôt ou tard à se concentrer dans les organismes vivants, les plantes, les animaux... et nous !

Peut-on estimer là aussi la capacité de notre environnement à éliminer, à « digérer » ces polluants, une capacité de résilience en quelque sorte ? En d'autres termes, avons-nous dépassé la limite admissible, la « dose prescrite » ? Pouvons-nous encore nous permettre d'en jeter un peu plus ? Combien de temps nous reste-t-il avant de faire face à des crises environnementales sévères et à répétition ? Nul ne le sait, pas même les scientifiques. On peut produire des scénarios, des modèles, mais on ne peut rien affirmer. On peut cependant constater certains effets, observer l'extrême complexité des chemins que suivent les déchets et leurs produits de dégradation dans l'environnement et dans les organismes… et en conclure qu'il vaudrait finalement mieux prévenir que guérir !

Une question de comptabilité

Chaque Français produirait ainsi près de 12 tonnes de déchets solides par an ! Mais on nous dit pourtant dans les campagnes de communication que les Français produisent chacun un peu plus d'un kilogramme de déchets par jour, soit environ 370 kg par an ! D'où vient cette différence ? Nous mentirait-on ?

En fait tout dépend de ce que l'on considère comme déchet produit par chacun. Un kilogramme par Français et par jour, c'est la production d'ordures ménagères. Notre poubelle personnelle, domestique. Celle que fouillaient les rudologues Jean Gouhier et William Rathje. Mais nous produisons beaucoup plus de déchets que cela ! Regardons d'un peu plus près, avec l'aide de l'Ademe, l'agence publique chargée entre autres d'analyser nos flux de déchets, ce qui s'est produit annuellement en France dans les années 2010 :

- ordures ménagères : 25 millions de tonnes (c'est ce qui correspond à 370 kg par an et par habitant) ;
- apports en déchetterie, encombrants : 12,5 millions de tonnes ;
- déchets dangereux des ménages : 0,1 million de tonnes ;
- déchets des collectivités (voirie et marchés, boues de stations d'épuration, déchets verts) : 5,5 millions de tonnes ;
- déchets non dangereux des industries, du commerce et des services : 98 millions de tonnes ;
- déchets industriels dangereux : 8 millions de tonnes ;
- déchets de l'agriculture et de la sylviculture : 375 millions de tonnes ;
- déchets du bâtiment et des travaux publics (BTP) : 253 millions de tonnes.

Donc au total plus de 770 millions de tonnes de déchets, parmi lesquels les ordures ménagères ne représentent que 3 % ! 770 millions de tonnes, cela revient donc bien à près de 12 tonnes par Français et par an quand on cumule

Mottainai, l'attitude du Japon traditionnel face aux déchets

Il y avait au Japon une ancienne tradition qui élevait à une forme d'art l'économie de matière. Toute forme de gaspillage était alors qualifiée de *Mottainai*, de gâchis. Cette volonté d'éviter le gaspillage se traduisait tout d'abord par la nécessité de réduire la matière dont étaient faits les objets au strict nécessaire exigé par leur fonction. Une forme de minimalisme dont furent empreints tous les arts et les modes de vie du Japon traditionnel et que l'on qualifie aujourd'hui en Occident de « zen ». Mais c'était aussi une attitude d'humilité et de respect face aux objets, de reconnaissance de ce que leur production avait coûté en termes de ressources naturelles, de travail, d'énergie, de savoir-faire. Et on y regardait à deux fois avant de se débarrasser d'un objet usé ou cassé, qu'il s'agisse d'un ustensile de cuisine ou d'une simple feuille de papier d'emballage. L'acte de jeter, de produire un déchet, devenait une véritable cérémonie, une forme de funérailles de la matière. Cette notion, très fortement ancrée dans la culture, était liée à la fois aux religions shintoïste et bouddhiste et aux limites en ressources imposées par l'insularité.

Cette tradition s'est quelque peu effritée au Japon, mais elle continue d'inspirer le monde. Ainsi, Wangari Maathai (1940-2011), la célèbre environnementaliste kenyane, titulaire du prix Nobel de la Paix en 2004, découvrit-elle la notion de *Mottainai* en 2005 lors de sa participation à l'élaboration du protocole de Kyoto. Elle en fit le titre de sa campagne en faveur du développement durable dans les années qui suivirent.

tous les déchets, sans oublier les plus importants en tonnage, les déchets agricoles et les déchets du BTP. Car c'est bien chacun d'entre nous qui produit ces déchets. Les routes, les ponts, les immeubles, nous en profitons tous, nous en sommes tous des usagers, des consommateurs. Les déchets du BTP sont donc NOS déchets. Et c'est la même chose, évidemment pour les déchets industriels et les déchets agricoles. Nous consommons tous des produits industriels et des produits agricoles. Donc ces déchets sont aussi NOS déchets. Mais on ne les voit pas de la même façon. D'ailleurs, très souvent, on ne les voit pas du tout : qui d'entre nous s'est déjà arrêté devant une plateforme de déchets de démolition en se disant qu'il était responsable d'une petite partie de ces déchets, puisqu'il avait profité un peu de l'équipement – école, bibliothèque ou immeuble de bureaux – qui a été démoli ? Bien sûr, nous sommes les producteurs directs des déchets qui sortent de chez nous, de nos ordures ménagères et, pour le reste, nous ne sommes que des producteurs indirects.

Nous n'en sommes pas responsables légalement. Mais nous sommes tous collectivement, en tant que citoyens, usagers et consommateurs, les commanditaires de ces déchets.

Une question d'attitude

Dans nos sociétés, la plupart du temps, on cache les déchets, on les relègue dans les lieux les plus obscurs, les plus laids, les plus repoussants. Mais, soyons un peu iconoclastes, imaginons une société où, au lieu de les cacher et de les oublier, on mettrait les déchets en scène... L'idée paraît complètement absurde. C'est pourtant ce que de nombreuses cultures préhistoriques ont fait, il y a environ 5 000 ans dans le monde entier : elles ont érigé leurs monceaux de déchets en monuments, à la gloire de leurs défunts ou bien de leurs dirigeants. Bien sûr, leurs déchets n'étaient pas comme les nôtres, ce n'étaient que des coquilles de mollusques. On ne pourrait pas imaginer ériger un monument fait de bouteilles en plastique et de vieux ordinateurs en plein Paris. On pourrait cependant trouver un grand intérêt à sortir nos déchets de l'oubliette dans laquelle notre inconscient les rejette. Les regarder en face, prendre conscience au quotidien de leur existence, nous permettrait sûrement de nous convaincre de la nécessité de les réduire, de les réutiliser et de retrouver la matière qui les constitue dans de nouveaux produits.

En France, notre attitude face aux déchets a évolué au cours des deux dernières décennies : le tri des déchets est entré dans nos habitudes, même si son utilité et ses modalités sont parfois difficilement appréhendées par les citoyens. En fait, « séparer le bon grain de l'ivraie », jeter séparément ce qui est recyclable, cela devrait s'apprendre. C'est ce qui est tenté avec des politiques de pédagogie telles que la mise en place des « Ambassadeurs du tri ».

Quand le fléau devient une ressource

Transformer la matière des déchets en ressource, c'est possible, bien entendu. En faire une nouvelle matière première pour créer de nouveaux produits, c'est ce qu'on appelle recycler. Et il n'y a pas que le recyclage qui permette de redonner une valeur aux déchets. Les déchets organiques peuvent être transformés en compost ou produire, par un processus biologique appelé méthanisation, du biogaz qui peut être converti en chaleur ou en électricité. Et on peut également produire directement de l'énergie en incinérant les déchets. C'est ce qu'on appelle la valorisation énergétique. Bien sûr, tout ne peut pas être réutilisé ou recyclé. Il restera toujours une part de dangerosité

Faut-il encore parler de « déchets » ?

Jean Gouhier, le fondateur de la rudologie, préfère réserver le terme « déchets » à toute matière que l'on ne peut ni réutiliser, ni recycler, ni valoriser, donc à ce que la loi française nomme « déchets ultimes ». Dans de nombreux pays, on préfère ainsi plutôt parler de « matériaux à recycler », ce qui traduit un véritable changement d'attitude. Et ce changement d'attitude n'est pas que le fait de jeunes urbains des pays industrialisés : c'est aussi la grande cause pour laquelle militent ceux que l'on nomme glaneurs en français, *pickers* en anglais, *recicladores* au Brésil, *recolectores* dans le reste de l'Amérique du Sud, les millions de personnes qui, dans la plupart des pays en développement, récupèrent les déchets en porte à porte ou au cœur des décharges, souvent au péril de leur vie et de leur santé. Depuis 2009, ils ont envoyé des délégués participer à cinq conférences internationales sur le changement climatique pour faire reconnaître leur importance et celle du recyclage des matériaux et de la réutilisation des objets. On utilise de plus en plus, dans les grandes conférences internationales, le terme de « matière première secondaire » (MPS) pour désigner les matériaux issus d'un procédé de recyclage de déchets. On la considère alors de la même façon qu'une matière première directement issue des ressources naturelles : elle peut être utilisée en remplacement partiel ou total d'une matière première vierge. La MPS est un intermédiaire entre le déchet et un nouveau produit.

dans nos déchets. Par exemple, quand on les incinère, il reste une fraction irréductible : des mâchefers, des cendres et des fumées qui concentrent les polluants les plus dangereux.

Des 15 milliards de tonnes de déchets solides produits chaque année dans le monde, quelle est la proportion recyclée, réutilisée ou valorisée ? Aucune étude, aucune statistique publiée ne permet malheureusement de le dire. Les chiffres sont rendus publics uniquement par certains pays, et souvent seulement pour une partie des déchets, comme les ordures ménagères ou les déchets électroniques. L'ensemble de l'Union européenne recycle près de 49 % de la totalité de ses déchets et en valorise énergétiquement 4 % par l'incinération.

Peut-on recycler indéfiniment ?

Non, pas encore. Beaucoup de matériaux ne peuvent pas être recyclés à l'infini avec les techniques actuelles et leur qualité finit par se dégrader après plusieurs recyclages successifs. De plus, les procédés de recyclage actuels sont souvent coûteux en énergie et produisent à leur tour des déchets. Un recyclage à 100 % et à l'infini de tous les matériaux n'est malheureusement pour l'instant pas possible. Cependant, dans une optique de développement durable, le but du recyclage est aujourd'hui avant tout de rallonger la durée de vie des matières et de ralentir la consommation des ressources non renouvelables (pétrole, minerai, etc.), le temps de mettre en place une économie fondée sur la consommation de ressources renouvelables et de produits recyclables indéfiniment.

Mais les disparités sont grandes à l'intérieur de l'Union : depuis le Danemark qui recycle et valorise 84 % de ses déchets jusqu'à la Bulgarie qui ne le fait que pour à peine plus de 1 %. La France, avec 64 % de recyclage et de valorisation est au 8e rang derrière le Danemark, la Pologne, l'Allemagne, la République tchèque, l'Italie, la Slovénie et le Royaume-Uni.

Que fait-on de la « matière première secondaire », c'est-à-dire de la matière issue des déchets recyclés ? En France, elle entre dans 26 % des solvants utilisés dans l'industrie, dans 30 % des métaux ferreux, dans 49 % des papiers et cartons, dans 50 % du verre et dans 30 à 60 % des métaux non ferreux (aluminium, cuivre, etc.). Quant au plastique recyclé, il ne représente que 5 % de la production industrielle.

La métamorphose des déchets

Alors, demain verra-t-on tous nos déchets métamorphosés en ressource ? Cela correspondra-t-il également à une métamorphose de notre regard sur la matière que nous utilisons et rejetons ? À une métamorphose de nos sociétés ?

Nous ne pouvons pas y répondre de façon péremptoire, bien sûr. Nous pouvons par contre essayer de comprendre l'univers complexe des déchets avec une approche scientifique : expliquer comment le vivant transforme la matière et métamorphose ses déchets en ressource, comment les déchets de l'homme reflètent l'évolution de ses sociétés, comment nos déchets impactent notre environnement, et comment nous pourrions dans l'avenir métamorphoser à notre tour nos déchets en ressource en nous inspirant du vivant.

Les poubelles du jardin d'Éden

Les poubelles du jardin d'Éden

« Je m'appelle AC-1138, et cela fait maintenant trois semaines que j'ai été affectée au transport des déchets. Chaque jour, je prends ma place dans la longue file des transporteurs et je descends dans les profondeurs de la mégapole souterraine. Arrivée à l'unité de production agronomique n° 3, je réceptionne mon chargement et j'entreprends comme les autres la lente remontée vers la surface... Une fois parvenue à l'air libre, je suis la route qui nous mène au terme de la mission. Bientôt, j'arrive au quai de déchargement surplombant l'immense décharge à ciel ouvert. Je n'ai pas le temps d'apprécier le paysage ! Je largue mes déchets qui s'écrasent en contrebas et je reprends le chemin de la cité, comme les autres. Ma journée de labeur ne fait que commencer et je vais devoir encore effectuer de nombreux aller-retour. Je ne me pose pas de questions. Je fais mon travail, c'est tout. Comme les autres. »

Ce n'est pas de la science-fiction. AC-1138 est une fourmi ouvrière de l'espèce *Atta colombica*. Si son nom est imaginaire, son histoire est vraie : ces fourmis évacuent tous les déchets de la fourmilière et les accumulent en tas qui peuvent atteindre plusieurs mètres de diamètre. Les déchets n'ont pas attendu *Homo sapiens œconomicus* pour faire leur apparition sur terre.

Page précédente
Des fourmis champignonnistes transportent des fragments de feuilles découpées vers la fourmilière, tandis que d'autres ouvrières sont chargées du transport des déchets.

Et si Rousseau s'était trompé ?

Dans son traité *Émile ou De l'éducation* qu'il publie en 1762, Jean-Jacques Rousseau jette les bases de sa vision de la nature et des rapports que l'homme entretient avec elle. Il écrit ainsi : « Tout est bien sortant des mains de l'Auteur des choses : tout dégénère entre les mains de l'homme .» Et plus loin : « Les villes sont le gouffre de l'espèce humaine [...] Les hommes ne sont point faits pour être entassés en fourmilières, mais épars sur la terre qu'ils doivent cultiver. Plus ils se rassemblent plus ils se corrompent. » Il confirme ainsi la vision biblique du jardin d'Éden : il renouvelle le mythe d'une nature originelle où règne l'ordre divin, fondamentalement bon et pur. En conséquence, l'être humain, issu de ce monde idéal, n'est lui aussi que bonté et pureté, jusqu'au jour où il est marqué non par une faute qui le chasse du paradis comme dans la Bible, mais par le hasard qui le conduit à élaborer la société. Le regroupement social des hommes est pour Rousseau la cause de tous les problèmes du monde : l'homme cesse alors d'être un sauvage, il ne vit plus dans l'état de nature, il se corrompt et finit aussi par corrompre la nature.

La pensée philosophique de Rousseau aura une influence majeure sur le siècle des Lumières, sur la révolution française et sur toute la pensée moderne. Aujourd'hui encore, notre vision du monde, de l'environnement, du rôle de l'homme sur la planète est empreinte de rousseauisme. On s'imagine ainsi que le monde d'avant les sociétés humaines était « sauvage » et « pur », exempt de pollution. Exempt de corruption comme dirait Rousseau. Un monde propre. Un monde sans déchets... Est-ce si vrai ? Et si le jardin d'Éden avait eu lui aussi ses « poubelles » ? Les déchets, une part intégrante du vivant, un héritage des origines de la vie ?

Pas de vie sans déchets

À l'aube du vivant

Imaginons la Terre il y a près de 4 milliards d'années. Si l'on en croit les théories scientifiques les plus récemment admises, son atmosphère est alors composée d'azote, de gaz carbonique, de composés soufrés et totalement dépourvue d'oxygène. Les océans, dont la température dépasse les 50 °C et atteint peut-être les 90 °C en surface, recouvrent la quasi-totalité du globe. Une situation qui nous semble aujourd'hui très peu propice à l'émergence de la vie ! Des composés chimiques, élaborés dans l'espace interstellaire à partir de carbone et d'hydrogène, sont apportés massivement par des pluies de météorites. D'autres, nés dans la fournaise du magma sont exhalés par des volcans sous-marins et par des sources hydrothermales, à plusieurs centaines, voire plusieurs milliers, de mètres de profondeur. C'est là, dans ces gigantesques laboratoires de chimie que sont les océans de l'époque que se sont élaborées, à partir des composés plus simples venus du cosmos ou des profondeurs du manteau terrestre, de grandes quantités de molécules organiques complexes : des acides, des glucides, des protéines. Ce sont les composés pré-biotiques, nommés ainsi parce qu'ils précèdent directement la vie et qu'ils lui ont très probablement donné naissance.

Personne ne sait exactement comment se sont constitués les premiers organismes vivants à partir des composés pré-biotiques. D'ailleurs, où tracer la frontière entre le vivant et l'inerte ? Qu'est-ce qu'un organisme vivant ? Les définitions abondent et aucune ne fait l'unanimité des chercheurs. Néanmoins, des propriétés essentielles émergent des différentes définitions : tout d'abord l'autoconservation, ou capacité à se maintenir soi-même en état, et ensuite la reproduction, c'est-à-dire la capacité à se répliquer quasiment à l'identique. Ces deux propriétés sont réalisées par l'organisme grâce à un échange permanent de matière et d'énergie avec le milieu extérieur. Thermodynamiquement, ce sont bien des structures dissipatives comme nous l'avons déjà vu. Et bien évidemment, comme toute structure dissipative qui se respecte, les premiers organismes vivants ont produit des déchets, dès le début !

Puisque l'oxygène n'existait pas encore à l'état libre, les premiers organismes ont dû vivre sans lui. On les qualifie donc d'anaérobies, c'est-à-dire « sans air », ou plus précisément encore d'anoxiques, « sans oxygène ». Ils extraient leur source de carbone du gaz carbonique et comme ils ne sont pas capables de respirer, ils tirent leur énergie de l'oxydation de composés

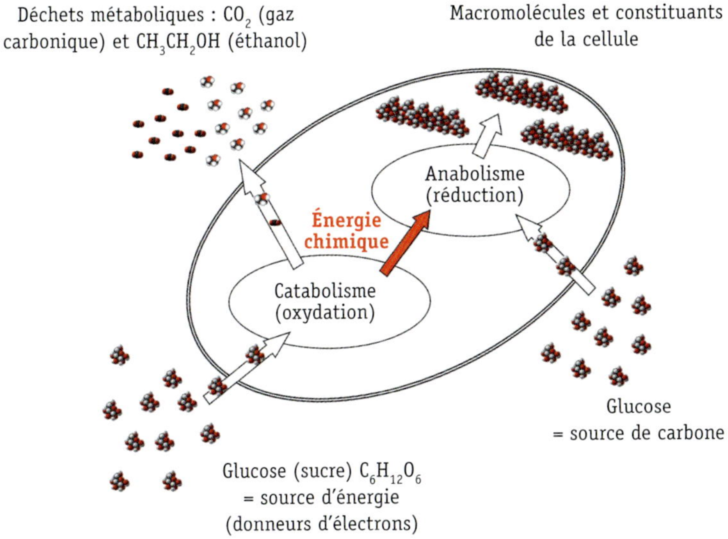

Le métabolisme hétérotrophe anaérobie d'une bactérie fermentative productrice d'éthanol. Les mêmes molécules organiques servent à la fois de donneurs d'électrons pour fournir de l'énergie chimique, et de source de carbone, une des briques de base des constituants macromoléculaires de la cellule.

inorganiques comme le sulfure d'hydrogène. On qualifie ce type de métabolisme d'autotrophe.

C'est probablement un peu plus tard qu'apparaissent d'autres micro-organismes anaérobies utilisant un autre type de métabolisme, qualifié d'hétérotrophe, exploitant des molécules organiques comme les sucres qui servent à la fois de source de carbone et de donneurs d'électrons. Ces organismes transforment les sucres en acides organiques ou en alcool. Les acides et les alcools sont pour eux des déchets et sont rejetés à l'extérieur de la cellule. Ils produisent aussi un autre déchet, le gaz carbonique appelé également dioxyde de carbone.

De nos jours, de nombreux micro-organismes utilisent encore le même type de métabolisme : ce sont les bactéries que l'on retrouve dans notre flore intestinale, mais également des levures, qui sont des champignons, organismes plus évolués apparus sur Terre beaucoup plus tardivement. Les micro-organismes qui rejettent de l'acide lactique nous servent à fabriquer les fromages et les yaourts. Ceux qui produisent de l'éthanol, l'autre nom de l'alcool éthylique, nous servent évidemment à élaborer les vins et les bières...

mais aussi à faire du pain. Le vin, le pain et le fromage n'existeraient donc pas sans les déchets des micro-organismes ! On appelle ce type de métabolisme la fermentation.

Certains micro-organismes autotrophes, consommant toujours du sulfure d'hydrogène, comme donneur d'électrons, et du gaz carbonique, comme source de carbone, deviennent capables d'utiliser l'énergie solaire pour « doper » leur centrale énergétique interne : ils développent ce que l'on appelle la photosynthèse. Ce type de micro-organisme existe toujours de nos jours : ce sont les bactéries sulfureuses. On les appelle sulfureuses non pas à cause de leur

La cellule, une usine à déchets

Le métabolisme est l'ensemble des transformations moléculaires et énergétiques se déroulant en continu dans tout organisme vivant. Imaginons un organisme unicellulaire comme une usine microscopique : le métabolisme, c'est à la fois le fonctionnement des machines, l'alimentation en matières premières, le chauffage, l'électricité, les processus de fabrication et la façon dont tout cela s'organise.

On peut en général décomposer le métabolisme en deux mécanismes :

- le catabolisme, ou dégradation qui permet à l'organisme de décomposer de grosses molécules extraites du milieu extérieur en molécules plus petites et ainsi de libérer de l'énergie dans l'organisme. D'un point de vue chimique, les réactions de catabolisme sont des oxydations (les molécules perdent des électrons) et produisent de l'énergie. Pour reprendre l'image de l'usine, c'est la centrale énergétique ;
- l'anabolisme, ou synthèse organique qui permet à l'organisme de se construire en synthétisant tous les composés nécessaires à sa vie. Les réactions d'anabolisme sont des réductions (les molécules gagnent des électrons) et consomment de l'énergie. C'est la ligne de fabrication dans notre usine.

Les deux mécanismes sont bien sûr intimement reliés : les électrons et l'énergie fournis par le catabolisme sont utilisés par l'anabolisme.

Comme une usine, tout métabolisme produit des déchets : certaines molécules issues des réactions métaboliques ne sont pas utiles à l'organisme et peuvent même lui être toxiques. Elles sont excrétées, c'est-à-dire évacuées vers l'extérieur. On les appelle les déchets métaboliques. Il n'existe pas de métabolisme ne produisant pas de déchets, puisque l'énergie utilisable par la cellule ne peut être produite que par le flux incessant de matière qui la traverse, entrant sous la forme de nutriments, c'est-à-dire de molécules sources d'énergie et de constitution des structures internes, et sortant sous la forme de déchets. Sans déchets, pas de flux. Et sans flux de matière, pas d'énergie ni de structures dans la cellule.

En termes de thermodynamique, les molécules-déchets excrétées sont plus petites et plus simples, et donc de plus haute entropie, que celles qui ont été importées par l'organisme pour lui servir de ressource. Leur rejet par l'organisme va donc contribuer à augmenter le désordre du milieu extérieur, donc son entropie. Le versant énergétique de l'exportation d'entropie, c'est tout simplement la chaleur produite par le métabolisme de ce même organisme, de l'énergie calorifique exportée vers l'environnement, chaleur qui est donc en fait un déchet énergétique !

vie dissolue… mais bien parce qu'elles produisent du soufre minéral comme déchet métabolique ! Ce dernier peut être, selon les espèces, soit stocké sous forme de granules dans la cellule elle-même, soit excrété et déposé à l'extérieur de l'organisme.

Puis, il y a probablement un peu plus de 3 milliards d'années, apparaissent de nouvelles bactéries autotrophes photosynthétiques utilisant l'eau comme donneur d'électrons pour alimenter la centrale énergétique de la cellule. Ce sont les cyanobactéries qui doivent leur nom à leur couleur bleu-vert. Cette coloration particulière est causée par des pigments organiques photosynthétiques, comme la phycocyanine et la chlorophylle, qui ont pour fonction d'absorber l'énergie de la lumière. Le fait d'utiliser de l'eau et non plus du sulfure d'hydrogène comme donneur d'électrons va avoir des conséquences incommensurables sur la suite de l'histoire de la vie sur Terre. En effet, le déchet métabolique produit par ce type de photosynthèse est le dioxygène, O_2, autrement dit l'oxygène sous forme de gaz, que l'on respire aujourd'hui et qui nous est indispensable, à nous autres humains comme à tous les animaux. Mais, il y a 3 milliards d'années, l'oxygène n'est encore qu'un déchet comme un autre…

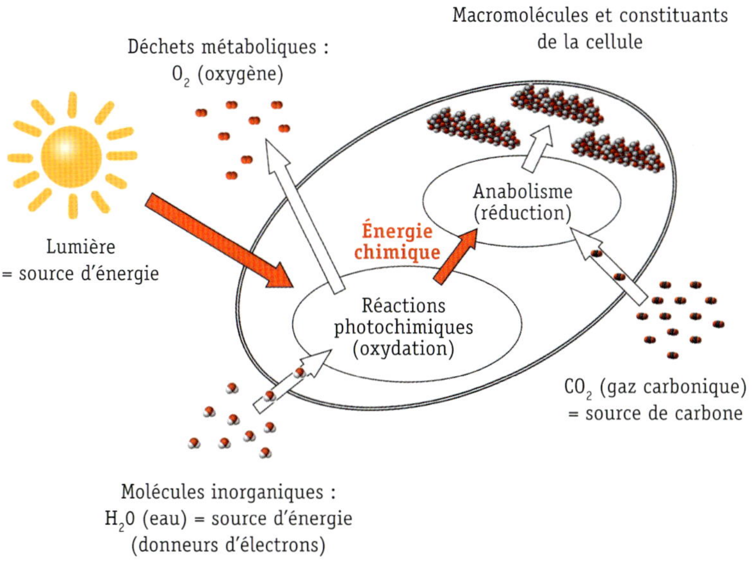

Le métabolisme photosynthétique d'une cyanobactérie. Les déchets métaboliques de ce type de photosynthèse sont des molécules de dioxygène, l'oxygène gazeux.

Première crise des déchets : la catastrophe de l'oxygène

Vers – 2,5 milliards d'années, les cyanobactéries produisent tellement d'oxygène qu'il ne peut plus être en totalité fixé par les minéraux de l'océan, comme c'était le cas auparavant. L'oxygène s'accumule alors dans l'eau de mer et l'atmosphère. C'est une véritable catastrophe écologique : les micro-organismes de l'époque sont strictement anaérobies, c'est-à-dire que l'oxygène est pour eux hautement toxique !

On estime qu'avant cette crise, le taux d'oxygène dans l'atmosphère terrestre ne dépassait pas 1 %. On ne peut pas déterminer avec précision la valeur de ce taux à partir de la crise de l'oxygène. Il s'est peut-être approché de la valeur actuelle de 21 %, mais rien ne le prouve. Pour la plupart des chercheurs, cette dernière valeur n'est pas gravée dans le marbre et le taux d'oxygène dans l'atmosphère a pu fluctuer au cours du temps, ce qui pourrait expliquer certains épisodes majeurs de l'évolution de la vie sur Terre.

Heureusement pour nous, leurs descendants, tous les micro-organismes n'ont pas péri lors de cette première crise environnementale ! Certaines cyanobactéries, en particulier, semblent avoir résisté aux nouvelles conditions oxydantes car elles produisaient de véritables forteresses de calcaire, appelées des stromatolithes, qui forment des amas rocheux pouvant atteindre plusieurs centaines de mètres d'épaisseur. On a trouvé en Australie des fossiles pouvant être interprétés comme des stromatolithes et datant d'environ 3,4 milliards d'années. Si cette découverte est avérée, les stromatolithes auraient précédé de presque un milliard d'années la crise de l'oxygène.

L'élévation du taux d'oxygène dans l'atmosphère, lié à l'activité des cyanobactéries, s'est accompagnée, il y a plus de 2 milliards d'années, de la constitution de la couche d'ozone, élément indispensable à l'évolution de la vie sur la planète. À haute altitude, l'énergie du rayonnement solaire est suffisante pour transformer le dioxygène en ozone, molécule elle aussi gazeuse composée de trois atomes d'oxygène. La couche d'ozone ainsi formée entre 20 et 50 km d'altitude constitue un écran contre les rayonnements ultraviolets les plus nocifs pour la vie sur Terre. Cette protection aurait favorisé une explosion des formes de vie et l'émergence d'un nouveau métabolisme : la respiration.

Les scientifiques pensent que la respiration fut d'abord le fait de bactéries descendant des bactéries anaérobies hétérotrophes et qui ne rejetaient plus d'alcool ou d'acide lactique, mais utilisaient des molécules minérales dissoutes dans l'eau, comme des nitrates ou des sulfates pour évacuer les électrons qui leur avaient servi à produire l'énergie chimique de la cellule. On dit de ces

Les stromatolithes : des « bunkers » à l'épreuve des déchets toxiques

Les stromatolithes (du grec *strôma*, tapis, et *lithos*, pierre) sont des concrétions calcaires construites par des micro-organismes. Les formes fossilisées sont la trace d'une des plus anciennes formes de vie sur Terre et peuvent s'accumuler sur des centaines de mètres d'épaisseur. Il est possible qu'à l'abri de leurs concrétions de calcaire, les bactéries bleues furent alors moins exposées que les autres micro-organismes anaérobies à l'empoisonnement par l'oxygène. Les stromatolithes les plus anciens ont été découverts en Australie, bien que leur origine biologique soit encore contestée par une partie de la communauté scientifique.

Les formes vivantes de stromatolithes sont aujourd'hui très rares. Elles se trouvent dans les eaux chaudes et peu profondes et abritent des cyanobactéries.

bactéries qu'elles « respirent » les nitrates ou les sulfates qu'elles réduisent, c'est-à-dire à qui elles cèdent des électrons. Ces molécules minérales qui servent à récupérer les électrons de la respiration sont appelées « accepteur final d'électrons ». Eh oui, il est donc possible de respirer autre chose que de l'air ! Cette innovation fournit plus d'énergie aux bactéries qui se nourrissent de matière organique que la désormais classique fermentation, car les réactions d'oxydation sont poussées plus loin. Selon le type d'organisme et de métabolisme considéré, le surplus énergétique, et donc l'avantage compétitif, est compris entre 20 et un peu plus de 100 %. À ce stade, c'est toujours un métabolisme anaérobie car aucun organisme n'utilise encore l'oxygène. Aujourd'hui on trouve encore ce type de bactéries, que l'on nomme sulfato-réductrices ou dénitrifiantes selon leur accepteur final d'électrons, dans les boues, les sédiments marins, mais aussi les intestins de l'homme et des animaux.

Première opération de recyclage massif des déchets : la respiration de l'oxygène

Un des plus grands défis jamais lancés à la vie sur Terre a été l'adaptation évolutive à la présence massive de l'oxygène gazeux sur la planète. Les mécanismes développés pour absorber, transporter et utiliser en toute sécurité l'oxygène dans les organismes sont extraordinairement multiples et de véritables merveilles d'évolution.

Ainsi, une série de mutations intervenues chez des bactéries à respiration anaérobie permet à leurs descendantes d'utiliser l'oxygène, désormais disponible en grandes quantités grâce aux cyanobactéries, comme accepteur d'électrons à la place des sulfates ou des nitrates. L'apport énergétique de cette nouvelle forme de respiration, appelée aérobie, est à peu près dix fois plus élevé que celui de la respiration anaérobie.

Ces nouveaux micro-organismes retournent donc à leur profit la véritable arme chimique qu'est la molécule de dioxygène, le déchet toxique des

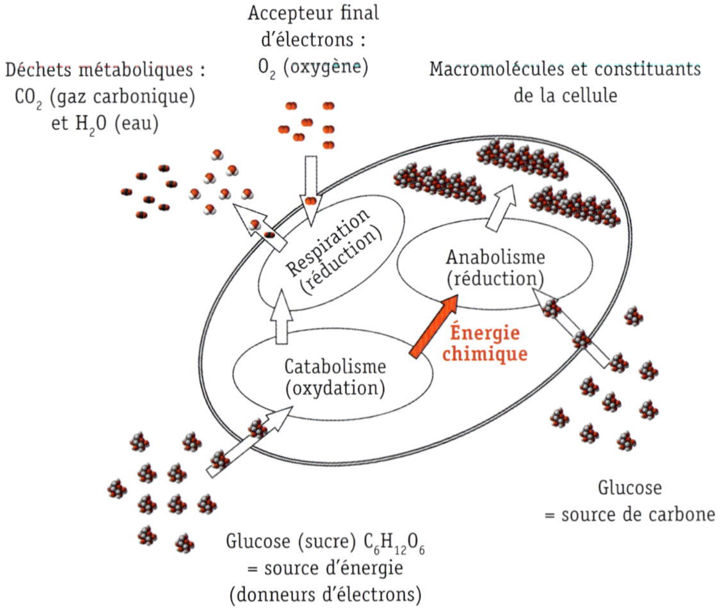

Le métabolisme d'une bactérie aérobie. Les molécules d'oxygène sont utilisées comme accepteur final d'électrons permettant, en amont, une suite de réactions d'oxydation à très haut potentiel énergétique.

organismes photosynthétiques, pour en faire un transporteur d'électrons hyper-efficace. La très grande efficacité énergétique de l'oxygène, une fois maîtrisée, va être une gigantesque opportunité pour le vivant : celle de disposer de suffisamment d'énergie pour gagner plus d'autonomie, se complexifier davantage et se diversifier quasiment à l'infini. Ces micro-organismes sont aujourd'hui omniprésents : dans les sols, l'eau, sur les plantes et les animaux. Certains peuvent être pathogènes : ce sont ceux-là les responsables de nos infections dites « bactériennes ».

Dis-moi ce que tu jettes et je te dirai qui tu es

À ce stade de l'évolution du vivant, c'est-à-dire il y a environ 2,5 milliards d'années, il suffit de connaître les déchets que rejette un organisme pour connaître son type de métabolisme :

- du gaz carbonique et des composés organiques, tels que de l'alcool ou un acide ? Tu es un organisme fermentatif ;
- du soufre ? Une bactérie sulfureuse ;
- de l'oxygène ? Une cyanobactérie ;
- du sulfure d'hydrogène ou de l'azote ? Une bactérie à respiration anaérobie, sulfato-réductrice ou dénitrifiante ;
- du gaz carbonique et de l'eau ? Une bactérie aérobie !

Association de recycleurs : symbioses et organismes complexes

Le rejet des déchets métaboliques d'une espèce dans l'environnement extérieur et leur consommation par d'autres organismes constituent une des bases de ce que l'on appelle les cycles écologiques. Ainsi, à partir de l'émergence des bactéries aérobies, l'oxygène, principal déchet excrété par les organismes photosynthétiques, est utilisé par les organismes aérobies pour respirer en rejetant du gaz carbonique, qui est à son tour consommé par les organismes photosynthétiques. Les premières symbioses fonctionnent également sur le même principe, mais à l'échelle de deux organismes, d'espèces différentes, qui s'associent en général pour que chacun puisse recycler les déchets métaboliques de l'autre.

Peut-on encore parler d'organismes différenciés ? La question est tellement peu tranchée que beaucoup de chercheurs pensent actuellement que les organismes supérieurs que nous sommes trouvent leur origine dans ces associations symbiotiques.

Examinons les indices : il y a environ 2,2 milliards d'années, soit à peu près 200 millions d'années après la « crise de l'oxygène », apparaît un tout nouveau type d'organisme aérobie, c'est-à-dire un organisme hétérotrophe respirant l'oxygène, toujours microscopique et unicellulaire. Ce n'est plus tant son type de métabolisme qui a changé, mais sa structure cellulaire et sa taille. Ces nouveaux organismes que l'on appelle les eucaryotes, bien qu'encore composés d'une seule cellule, sont en effet de 10 à 100 fois plus grands que les bactéries et les archées, que l'on nomme les procaryotes. Mais ce n'est pas tout : la structure interne des eucaryotes est beaucoup plus complexe que celle de leurs prédécesseurs, et se compose d'organites extrêmement spécialisés et d'une efficacité beaucoup plus grande. Pour reprendre l'analogie industrielle, une cellule procaryote est à une cellule eucaryote ce qu'un atelier de verriers du XVIIIe siècle est à une usine automobile actuelle.

Parmi ces innovations à l'intérieur de la cellule eucaryote, il y a tout d'abord le noyau où se concentre le matériel génétique de la cellule, ce qui aura plus tard pour conséquence de permettre la reproduction sexuée. Les mitochondries, ensuite : des structures microscopiques où est concentrée et optimisée la production d'énergie de la cellule et qui révolutionnent la façon dont les eucaryotes traitent l'oxygène, le principal déchet métabolique toxique toujours présent en grandes quantités dans l'atmosphère. En se dotant des mitochondries, c'est comme si les cellules eucaryotes troquaient un moteur de 2 CV contre un moteur de F1 ! Et tout ça pour rentabiliser au maximum le recyclage du déchet métabolique des organismes photosynthétiques ! Mais d'où viennent les mitochondries ? Probablement de l'ingestion d'une bactérie par un organisme eucaryote primitif, un prédateur ! Se trouvant à l'aise à l'intérieur de celui qui l'avait phagocytée, la bactérie aurait alors entamé une symbiose avec

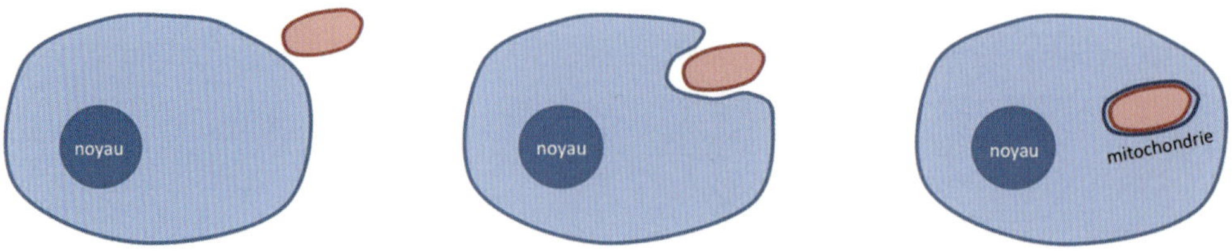

Absorption d'une bactérie par une cellule eucaryote primitive. La bactérie aérobie absorbée devient une mitochondrie et permet la respiration.

son hôte, allant même au fur et à mesure des divisions cellulaires jusqu'à partager son matériel génétique avec lui, donnant naissance à un nouvel être vivant se reproduisant à l'identique, bactéries « internalisées » comprises. Cette symbiose interne porte le nom scientifique d'endosymbiose.

Environ 100 millions d'années plus tard, la très grande efficacité énergétique des eucaryotes, acquise grâce au traitement de l'oxygène par les mitochondries, leur permet de constituer les premiers organismes pluricellulaires. Il ne s'agit plus de colonies bactériennes dans lesquelles chaque cellule est un individu qui peut reprendre à tout moment son indépendance et aller s'installer un peu plus loin pour créer une nouvelle colonie, mais d'un ensemble cohérent et durable de cellules en étroite collaboration, un seul et même organisme. Ils forment le groupe des métazoaires, c'est-à-dire... le règne animal ! Ces premiers organismes pluricellulaires devaient ressembler aux éponges, les formes animales actuelles les plus simples, dépourvues de systèmes nerveux, digestif et vasculaire. Chez les éponges, la nutrition ainsi que l'évacuation des déchets vers l'extérieur sont réalisées par la circulation de l'eau dans des tissus tubulaires tapissés de cellules flagellées qui ressemblent beaucoup aux organismes eucaryotes unicellulaires. Les cellules sont peu différenciées, les structures ne sont pas encore très complexes et les mouvements ne sont pas coordonnés. Les scientifiques ont d'ailleurs mis beaucoup de temps à différencier ces animaux primitifs des plantes.

C'est un peu plus tard, vers – 1,7 milliard d'années, qu'une autre endosymbiose donne justement naissance aux plantes. Cette fois-ci, c'est une cyanobactérie qui a été très probablement phagocytée par un organisme unicellulaire eucaryote pour donner naissance aux chloroplastes, les organites qui réalisent la photosynthèse chez les plantes. Comme leur nom l'indique, c'est

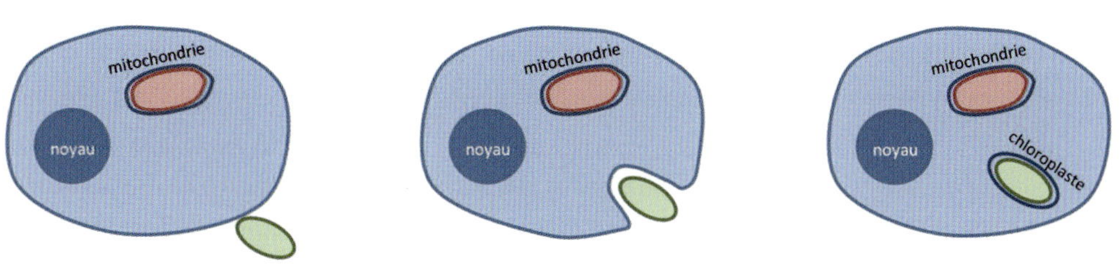

Absorption d'une bactérie photosynthétique par une cellule eucaryote hétérotrophe. Cette bactérie devient un chloroplaste.

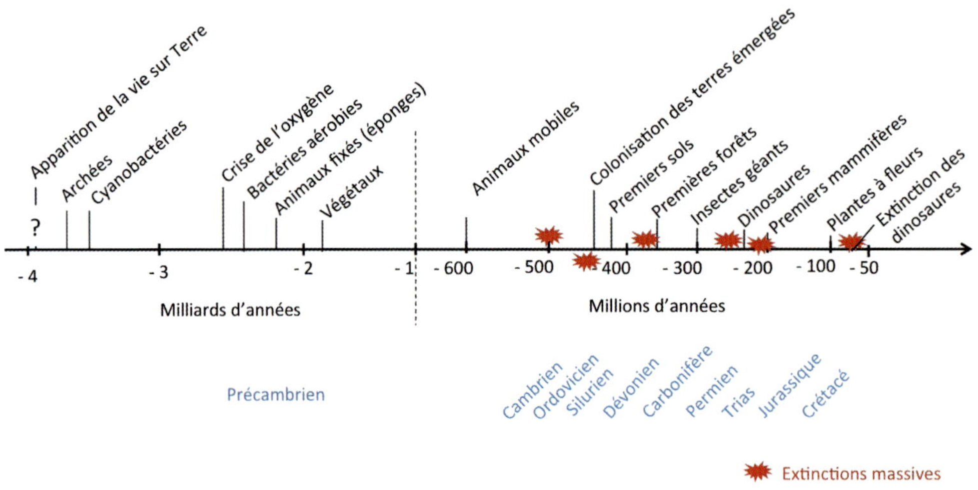

dans les chloroplastes que l'on trouve la chlorophylle, le pigment vert qui absorbe la lumière et la transforme en énergie chimique. Les premières plantes sont des algues marines, et il faudra attendre encore plus d'un milliard d'années avant que les plantes se lancent à la conquête de la terre ferme.

Il y a environ 600 millions d'années, les premiers animaux primitifs se complexifient et commencent à développer la mobilité, afin de pouvoir rechercher leur source d'énergie sous forme organique en se déplaçant. Ce sont d'abord des sortes de vers marins qui se nourrissent probablement de biofilms bactériens et d'algues. Apparaissent alors les traits et les fonctions que nous reconnaissons maintenant comme vraiment animaux. Avec le déplacement apparaît la bilatéralité : un côté gauche et un côté droit, un avant et un arrière. Apparaît alors la différence de localisation des organes de la nutrition, situés à l'avant, et de l'excrétion des déchets, situés à l'arrière, deux extrémités d'un tube digestif extrêmement spécialisé. Beaucoup d'autres innovations suivront, mais les bases sont posées !

Très rapidement, en quelques dizaines de millions d'années seulement, les espèces animales et végétales se diversifient. C'est ce qu'on appelle aujourd'hui l'« explosion cambrienne », du nom de cette période géologique qui a été mise en évidence pour la première fois dans les roches du pays de Galles (*Cambria* en latin). Les causes de cette explosion de la diversité ne sont pas connues avec certitude. Parmi les hypothèses avancées par les scientifiques, on peut noter l'augmentation du taux d'oxygène dans l'atmosphère et dans l'eau des océans, permettant aux formes les plus complexes, très énergivores, d'en tirer un important avantage sélectif. Des formes complexes et énergivores qui sont, rappelons-le, encore et toujours des recycleurs du déchet oxygène ! À partir de ce moment, les formes du vivant ne vont plus cesser de se complexifier, et les plantes et les animaux vont coloniser les océans puis les terres émergées entre – 500 et – 400 millions d'années.

500 millions d'années de traitement des déchets organiques

À la racine des écosystèmes terrestres, les « mangeurs de déchets »

Transportons-nous maintenant au Silurien, il y a près de 450 millions d'années. Quelques rares espèces végétales, comme les mousses, descendantes des algues vertes qui sont apparues un peu plus tôt dans les océans, ont commencé à coloniser les terres émergées, et essentiellement les marécages. Les champignons, apparus sous forme aquatique un peu plus tôt au Cambrien, ont accompagné cette colonisation, et l'ont certainement favorisée en formant des associations symbiotiques avec les algues et les plantes, pour donner entre

Des polypores, champignons saprophytes, sur un tronc d'arbre mort.

Ni animal ni plante, le champignon est-il un mangeur de déchets ?

Tout comme les animaux, les champignons sont des eucaryotes hétérotrophes, c'est-à-dire qu'ils doivent trouver leur source de carbone dans la matière organique. Ils ne sont cependant pas mobiles et ne se nourrissent que par absorption. Ils n'ingèrent pas leurs nutriments, ils ne « mangent » pas réellement, pas comme le font les animaux.

On ne peut donc pas les considérer comme des animaux, mais ils ne peuvent pas non plus être considérés comme des plantes puisqu'ils ne peuvent pas utiliser la photosynthèse.

Ils constituent un règne à part, très diversifié car comprenant aussi bien des organismes unicellulaires, comme les levures, que des organismes pluricellulaires, comme certaines moisissures et les champignons de nos forêts.

Ils font partie des grands recycleurs de déchets des écosystèmes actuels, car la plupart d'entre eux sont saprophytes, se nourrissent de matière organique morte, comme les débris végétaux des forêts.

La cellulose, la molécule végétale par excellence

La cellulose est une forme de glucose, c'est-à-dire de sucre, formant une molécule de très grande taille qu'on appelle un biopolymère. C'est le principal constituant des végétaux, et en particulier de leurs parois cellulaires. Ainsi, la cellulose est actuellement la matière organique la plus abondante de la planète, représentant à elle seule plus de 50 % de la biomasse terrestre.
Seuls des archées, des bactéries, des champignons et des protozoaires peuvent se nourrir directement de cellulose en sécrétant une enzyme adaptée, la cellulase. Ces organismes sont donc absolument essentiels au recyclage de la matière organique détritique dans les écosystèmes. En règle générale, la cellulose n'est pas digérée directement par les animaux, même par les herbivores et les détritivores. Ceux-ci doivent héberger dans leur tube digestif des populations de bactéries et d'archées, voire des protozoaires.

autres naissance aux lichens. Il est vraisemblable que les premières formes animales terrestres primitives les rejoignent rapidement. Il s'agit alors probablement d'animaux très simples comme les vers. Tout comme leurs descendants actuels, ce sont des détritivores, c'est-à-dire qu'ils se nourrissent de déchets solides, de matière organique morte, principalement des restes végétaux. Ils côtoient aussi probablement les premiers mollusques terrestres, ancêtres des limaces et des escargots et qui se nourrissent peut-être déjà de champignons. Les milieux terrestres sont aussi sans doute colonisés par les micro-organismes qui, eux, n'ont laissé aucune trace fossile. Les premières bactéries terrestres colonisent probablement d'abord les couches de débris végétaux qui commencent à s'accumuler, afin de les consommer. Avec les champignons, ils constituent la catégorie des organismes saprophytes, c'est-à-dire qui se nourrissent de matière organique morte, par absorption des nutriments après solubilisation par des enzymes, plutôt que par ingestion de la matière solide comme seuls peuvent le faire les animaux détritivores.

À l'époque, les herbivores sont rares, car les plantes du Silurien sont riches en toxines mortelles pour les animaux qui les consommeraient. Mais une fois tombés à terre, les débris de ces végétaux se décomposent : ils sont colonisés par les micro-organismes saprophytes et les champignons qui dégradent leur structure et leurs toxines en les rendant plus digestes pour les animaux détritivores qui peuvent alors les consommer.

À la suite des vers et des mollusques, les descendants de crustacés marins issus de l'explosion cambrienne se lancent eux aussi à la conquête de la terre ferme. Ces premiers arthropodes (du grec *arthron* qui signifie articulé et *podos*, pied) terrestres ne rencontrent pratiquement aucune concurrence et s'établissent facilement dans leur nouveau royaume. Comme les animaux plus simples qui les ont précédés, ce sont pour la plupart des détritivores, comme les ancêtres des cloportes et des mille-pattes actuels qui se nourrissent toujours de végétaux en décomposition. Mais certains sont des prédateurs redoutables, comme les premiers arachnides, ancêtres des araignées et des scorpions.

Ils sont vite rejoints par des cousins germains, les hexapodes, eux aussi des arthropodes mais possédant six pattes comme leur nom l'indique. On les appelle également les insectes et, à l'époque, ils ressemblent à des blattes sans ailes. Il est très probable que ces premiers insectes aient été eux aussi pour la plupart détritivores.

Un fossile d'*Eurypterus remipes*, arthropode du Silurien. Bien qu'essentiellement aquatique, on pense qu'il a pu être un des premiers arthropodes à s'aventurer sur terre. Il serait l'ancêtre des scorpions actuels.

On peut alors imaginer ces premiers écosystèmes terrestres, fort simples, qui préfigurent déjà le fonctionnement de beaucoup de nos écosystèmes actuels : ce que l'on nomme la production primaire est assuré par les plantes, à l'époque les mousses, et par les lichens. Tous les déchets en décomposition, végétaux ou animaux, sont consommés par l'armée des animaux détritivores qui les réduisent en fragments microscopiques, les rendant ainsi encore plus disponibles au monde des champignons et des micro-organismes qui vont finir de recycler la matière organique, la transformant en matière minérale qui va à nouveau nourrir les plantes. La boucle est bouclée.

Mais ce n'est pas tout. Un nouveau phénomène se met en place : la formation des sols. Les mousses, les lichens et les champignons, en s'ancrant aux roches, les dégradent en surface, retiennent les sédiments et permettent à tous les déchets végétaux de s'accumuler. Une couche complexe, combinant matière organique et matière minérale se forme et retient l'humidité, créant un microclimat favorable à l'activité des micro-organismes excrétant leurs déchets métaboliques, souvent des acides qui vont accélérer la dégradation de la roche et la transformer, par exemple en argile. L'arrivée des animaux détritivores amplifie encore les mécanismes, rendant comme nous l'avons vu la matière organique encore plus disponible aux champignons, aux bactéries et aux archées. La couche de sol s'épaissit et fournit aux plantes une fondation de plus en plus efficace et durable, moins sensible à l'érosion.

Sans les décomposeurs, les sols seraient moins profonds, moins structurés, moins aérés, moins fertiles, moins durables, et donc moins favorables au développement des végétaux et des écosystèmes plus complexes qui vont pouvoir émerger au cours du Dévonien. En effet, entre environ – 400 et – 360 millions d'années, les végétaux terrestres se développent, se diversifient et étendent leur colonisation de la terre ferme, au-delà des zones humides initialement occupées. À la fin du Dévonien, les fougères arborescentes constituent les premières forêts. Elles ont besoin des sols profonds formés par les débris végétaux des générations précédentes et par le travail des animaux détritivores, des champignons et des micro-organismes. De nouveaux écosystèmes plus complexes que les précédents se mettent progressivement en place dans ces premières forêts. Les écosystèmes du Dévonien voient également arriver les premiers vertébrés terrestres à quatre pattes, des amphibiens descendant de poissons munis de poumons et de nageoires osseuses. Ils sont vraisemblablement carnivores et occupent le sommet de la chaîne alimentaire.

Les déchets organiques, les vers de terre… et Charles Darwin

Avec plus de 5 000 espèces, les vers de terre représentent la biomasse animale la plus importante des sols. Cette masse peut représenter jusqu'à 5 tonnes de vers par hectare. Ils sont considérés par de nombreux spécialistes comme de véritables « ingénieurs » des sols : par leur action de fouisseurs, mélangeant constamment les couches de sol, et par leur action de recyclage de la matière organique, ils jouent un rôle essentiel dans la mise en place et dans l'entretien de la structure et des caractéristiques des sols. Ils peuvent excréter plus de 100 tonnes de terre par an et par hectare, ce qui veut dire qu'en quelques dizaines d'années, c'est toute la terre végétale d'un champ qui aura transité par le tube digestif des vers de terre.

Ces impressionnantes capacités ont été mises en évidence par le célèbre naturaliste Charles Darwin (1809-1882), dans un ouvrage publié à la fin de sa vie, en 1881, et intitulé *La Formation de la terre végétale par l'action des vers de terre*, bien après qu'il eut publié sa théorie de l'évolution des espèces. Avant Darwin, les vers de terre étaient considérés comme nuisibles par les jardiniers ! Aujourd'hui, le rôle des vers de terre étant universellement reconnu, on les utilise même pour transformer les déchets biodégradables de nos cuisines en compost. C'est ce qu'on appelle le lombricompostage, de « lombric », le nom scientifique des vers de terre. En réalité, seules quelques espèces sont bien adaptées au lombricompostage : on préfère utiliser les espèces détritivores qui prolifèrent dans les milieux très riches en matière organique, comme le fumier, plutôt que les grands lombrics « laboureurs », responsables du remaniement des sols de nos champs et de nos jardins.

Les détritivores et les saprophytes aujourd'hui : éboueurs et médecins du sol

Par définition, les détritivores et les saprophytes constituent la grande catégorie des décomposeurs, tous les organismes vivants qui se nourrissent de débris organiques, d'origine végétale ou animale, d'excréments et de cadavres d'animaux. La quantité de débris et déchets organiques peut être gigantesque : on estime que dans une forêt tempérée actuelle non exploitée, 30 % de la masse de bois est du bois mort. Les détritivores de grande taille, visibles à l'œil nu, entament généralement le travail de destruction des débris, en les réduisant en petits morceaux et en excréments : ce sont les insectes xylophages, mangeurs de bois mort, les insectes nécrophages, dévoreurs de cadavres, les vers de terre, mangeurs de feuilles décomposées et de bactéries, les cloportes et les mille-pattes, grands consommateurs de végétaux en décomposition. Puis le relais est pris par les animaux de la méso-faune, de taille intermédiaire et uniquement visibles à la loupe : c'est le petit peuple des acariens, des araignées minuscules, des nématodes, de tout petits vers, des collemboles, des arthropodes de quelques millimètres, et des rotifères, de minuscules animaux très archaïques. Ils vont tous réduire en fragments microscopiques la matière organique morte et la rendre disponible à la microfaune des détritivores (des animaux de taille inférieure à 0,2 mm) et aux micro-organismes et champignons saprophytes.

Le travail combiné des saprophytes et des détritivores va créer l'humus, la partie superficielle du sol, riche en matière organique, indispensable à la vie des végétaux, aussi bien en forêt que dans les prairies et les sols cultivés. La quantité de décomposeurs, et surtout de vers de terre et de champignons, est considérée comme un très bon indicateur de la santé des sols. Dans les sols agricoles, les apports de pesticides, d'herbicides et d'engrais peuvent perturber considérablement l'activité des détritivores et des saprophytes et conduire à la quasi-destruction de la couche d'humus. Dans les forêts en exploitation, il est désormais conseillé de conserver une quantité minimale de bois mort afin de maintenir l'écosystème des décomposeurs et en conséquence l'ensemble de l'écosystème forestier. On estime ainsi que près du quart des espèces animales et végétales forestières dépendent directement du seul bois mort.

Dans nos régions tempérées, on trouve dans un hectare de sol forestier plus d'êtres vivants que d'êtres humains sur toute la planète. On pourra y trouver jusqu'à :

- 10 tonnes de bactéries, d'archées et de protozoaires ;
- 1 tonne de champignons ;
- 100 kg d'algues ;
- 1 tonne d'arthropodes et d'insectes ;
- 1 tonne de vers de terre.

Le règne des insectes et des champignons

À la fin du Dévonien, vers – 360 millions d'années, une extinction massive frappe un grand nombre d'espèces animales et végétales, aussi bien dans les mers que sur terre. Les arthropodes qui y survivent vont se diversifier et, 60 millions d'années plus tard, au Carbonifère, ils dominent l'ensemble des terres émergées. C'est l'époque des formes géantes : des mille-pattes de près de 2 m de long côtoient des scorpions de 50 centimètres et… les premiers reptiles qui supplantent peu à peu les amphibiens.

C'est au Carbonifère que les premiers végétaux à écorce ligneuse, ancêtres des arbres actuels, apparaissent. Ils conquièrent rapidement les terres et forment des forêts denses. La nouvelle molécule qui les structure, la lignine, est un polymère naturel extrêmement résistant que les micro-organismes saprophytes, les champignons et les animaux détritivores de l'époque ne

Fossile de *Neuropteris flexuosa*, une fougère arborescente du Carbonifère, une des premières plantes connues à écorce ligneuse.

La lignine, une forme de neutralisation des déchets toxiques ?

Comme la cellulose, la lignine est une molécule de très grande taille, un biopolymère fabriqué par la plupart des plantes terrestres, des fougères aux arbres, et par quelques algues. C'est la lignine qui donne à ces plantes leur rigidité et leur résistance aux attaques des microbes aussi bien que des animaux herbivores. C'est, avec la cellulose, le principal constituant du bois. La cellulose et la lignine, cumulées, constituent plus de 70 % de la biomasse planétaire.

Pour certains chercheurs, la lignine pourrait être, à l'origine, une forme de stockage des déchets métaboliques de la plante. Ces déchets, des composés phénoliques, seraient toxiques sous forme libre pour les plantes elles-mêmes qui ne peuvent pas les excréter. Les plantes capables de neutraliser ces toxines en les fixant et en les internalisant sous forme de biopolymères auraient ainsi acquis un avantage compétitif décisif. Ce n'est qu'avec l'œuvre de l'évolution que la lignine serait peu à peu devenue l'élément structurant des plantes terrestres, leur donnant la capacité de développer des tiges verticales, des troncs et des branches solides.

parviennent pas à dégrader. Ainsi, les branches et les arbres morts du Carbonifère vont-ils s'accumuler sur le sol des forêts sur des épaisseurs gigantesque sans se décomposer totalement. En se fossilisant, ces masses titanesques de bois se retrouveront dans les roches, 300 millions d'années plus tard... sous forme de charbon. Mais la constitution et le piégeage de ce stock de carbone a un effet encore plus direct sur la planète au Carbonifère : il conduit à l'augmentation du taux d'oxygène de l'atmosphère qui a pu, à cette époque, atteindre un maximum jamais égalé depuis. Et c'est à ce taux d'oxygène exceptionnel que beaucoup de paléontologues attribuent le gigantisme des insectes du Carbonifère.

Toujours au Carbonifère, certains insectes développent des ailes et conquièrent les airs. Les libellules du genre *Meganeura*, des géantes de près de 70 cm d'envergure, sont les plus grands insectes que la Terre ait jamais portés. Les insectes sont alors les seuls animaux volants, ce qui leur donne un considérable avantage évolutif, leur permettant d'échapper à leurs prédateurs, de trouver de nouvelles sources de nourriture et de coloniser de nouveaux environnements.

Le Permien succède au Carbonifère et voit l'apparition d'un nouveau type de champignon, produisant les enzymes capables de dégrader enfin la lignine et de la faire entrer dans le cycle de transformation de la matière organique morte par les détritivores. C'est la fin de l'accumulation des déchets végétaux et de la formation du charbon, et le début de la formation de la litière forestière telle que nous la connaissons aujourd'hui.

À la fin du Permien, vers – 250 millions d'années, a lieu l'extinction la plus destructrice de l'histoire du monde vivant, au cours de laquelle 95 % de la vie marine et 70 % des espèces terrestres disparaissent. Mais comme pour les extinctions précédentes, la vie va reprendre ses droits. Les formes géantes d'insectes apparues au Carbonifère s'éteignent, mais laissent la place à une foule d'autres insectes plus adaptés, plus proches de ceux que l'on connaît aujourd'hui. Ainsi au Trias, entre – 250 et – 200 millions d'années, les insectes ailés se développent et se diversifient. Apparaissent coléoptères (hannetons, coccinelles...), hyménoptères (guêpes, abeilles...), diptères (mouches, moustiques...) et lépidoptères (papillons). C'est à cette période que se met en place le mécanisme le plus important dans le cycle de vie de beaucoup d'espèces d'insectes : la métamorphose. Pendant ce temps, les descendants d'un type de reptile rescapé de l'extinction du Permien profitent du champ libre laissé par l'hécatombe. Ce sont les premiers dinosaures, qui profiteront de l'extinction suivante, à la fin du Trias vers – 200 millions d'années, pour se diversifier, occuper un très grand nombre de niches écologiques et prendre les formes

Les champignons à l'attaque !

Selon les dernières estimations, basées sur des études génétiques, les champignons seraient apparus il y a environ 1,3 milliard d'années dans les océans. Ces champignons très primitifs existent encore de nos jours et font partie de l'embranchement des *Archemycota*, des champignons microscopiques. Certaines espèces d'*Archemycota* se nourrissent de tissus organiques des plantes et des animaux qu'elles parasitent, d'autres sont saprophytes, mais aucune ne peut dégrader la cellulose ou la lignine. Dès leur conquête de la terre ferme, au Silurien, certains s'associent à des plantes pour former des symbioses. À cette époque, apparaît un nouvel embranchement, appelé *Ascomycota* ou Ascomycètes. Presque tous les champignons de cette lignée sont saprophytes et participent activement au recyclage massif de la matière organique. À la différence des *Archemycota*, ils peuvent dégrader la cellulose. Par ailleurs, près de la moitié des espèces d'Ascomycètes forment des symbioses avec des algues ou des cyanobactéries pour former des lichens. On retrouve aussi dans cette lignée des espèces aussi diverses que la levure de bière (*Saccharomyces cerevisiae*), le *Penicillium* et les truffes (*Tuber melanosporum*, *T. uncinatum*, etc.) !

Les nouveaux champignons qui apparaissent au Permien vers – 300 millions d'années forment le dernier embranchement, les *Basidiomycota* ou Basidiomycètes. Ce sont eux qui parviennent sans doute les premiers à dégrader la lignine, même si quelques espèces d'Ascomycètes contemporaines en sont également capables. Les Basidiomycètes sont les champignons les plus connus car ils forment ce qu'on appelle des sporophores composés d'un pied et d'un chapeau portant les spores, ce qu'en langage courant on appelle… un « champignon », alors qu'il ne s'agit en fait que de la partie visible d'un organisme qui est majoritairement constitué par sa partie filamenteuse souterraine, le mycélium. En général, les champignons saprophytes des embranchements *Ascomycota et* surtout *Basidiomycota* sont particulièrement actifs autour des bois morts, car c'est là qu'ils disposent d'un avantage sur les bactéries, grâce à leur capacité à décomposer la lignine. Les champignons peuvent même constituer jusqu'à 90 % de la biomasse des sols forestiers, tandis qu'ils ne forment qu'environ 50 % de la biomasse des sols de prairie et encore beaucoup moins dans les sols cultivés. On se sert désormais de cette quantité de champignons dans les sols comme indicateur de leur qualité. C'est ce qu'on appelle la biomasse fongique. Dans les sols de prairie en bonne santé, on compte plus d'une tonne de champignons par hectare, ce qui équivaut au poids d'une vingtaine de moutons !

gigantesques que l'on connaît. C'est également durant le Trias qu'apparaissent les premiers mammifères.

Mais retournons un instant dans le monde des insectes. Parmi les nombreux fossiles du Trias, on a découvert des nids construits par un petit isoptère, partageant un ancêtre commun avec les blattes, le termite. Alors que les nids de termites du Trias sont encore assez primitifs, on a retrouvé dans les sédiments du Jurassique inférieur (vers – 180 millions d'années) d'Afrique du Sud des nids gigantesques, en forme de colonnes de plus de 3 m de haut, parcourues d'un réseau complexe de puits et de galeries. Ces nids sophistiqués sont le signe indéniable de la constitution de colonies complexes, équivalentes des colonies de termites actuelles. En dehors de constituer des sociétés extrêmement organisées et hiérarchisées, régies par ce que les scientifiques appellent une intelligence collective, les termites sont reconnus de nos jours comme les

Extinctions massives et déchets

L'histoire du vivant est émaillée assez régulièrement d'épisodes d'extinction massive au cours desquels une très grande proportion des espèces disparaît, suivis d'épisodes de développement et de diversification des espèces survivantes. Les paléontologues comptent ainsi généralement au moins six extinctions massives : à la fin du Cambrien (– 500 Ma), à la fin de l'Ordovicien (– 440 Ma), à la fin du Dévonien (– 360 Ma), à la fin du Permien (– 250 Ma), à la fin du Trias (– 200 Ma) et à la fin du Crétacé (– 65 Ma). À cette dernière correspond la fameuse extinction des dinosaures. Pour de nombreux biologistes, la septième extinction massive a déjà commencé et elle est causée par la colonisation de la planète par l'être humain et la destruction massive des habitats qui en résulte. Malheureusement, elle semble beaucoup plus brutale et rapide que les épisodes précédents !

Pour ce qui concerne les extinctions massives de l'histoire géologique de la planète, les scientifiques émettent des hypothèses variées. Nous connaissons tous l'hypothèse de la chute d'astéroïde ayant pu provoquer l'extinction du Crétacé, mais savons-nous que deux des causes possibles de l'extinction du Permien, de loin la plus meurtrière, sont le dégel massif d'hydrates de méthane océaniques et le dégagement massif de sulfure d'hydrogène toxique produit par la matière organique présente dans les sédiments marins ? Ces deux molécules sont des déchets produits par des micro-organismes anaérobies présents en très grandes quantités dans les océans. Et la cause de ces dégagements gazeux ? Très probablement le réchauffement global, déjà... Mais causé à l'époque par une intense activité volcanique et par l'effet de serre qui s'ensuivit. Personne ne sait si le réchauffement dont notre planète est aujourd'hui le témoin aura les mêmes effets qu'au Permien...

Les insectes xylophages à la rescousse !

Depuis la fantastique explosion de leur diversité au Trias, de très nombreuses espèces d'insectes ont développé la capacité à se nourrir du bois. On les appelle pour cette raison les insectes xylophages, du grec *xylon*, bois, et *phágos*, mangeur. La plupart se contentent du bois mort, certains ne mangent que du bois vivant, tandis que quelques-uns sont des spécialistes du bois brûlé. Trois grands ordres d'insectes comptent des espèces xylophages :

- les coléoptères, parmi lesquels les fameux capricornes et longicornes, reconnaissables à la taille de leurs antennes qui dépasse celle de leur corps. Très souvent, seules les larves sont xylophages ; les adultes sont alors beaucoup plus délicats, préférant de petits végétaux voire de la sève ou du pollen ;
- les lépidoptères, chez lesquels les chenilles de certaines espèces de papillons sont xylophages ;
- les isoptères, dont les seuls représentants sont les xylophages les plus connus, les termites.

Larve saproxylophage de lucane cerf-volant (*Lucanus cervus*), une espèce protégée de coléoptère. La larve va se nourrir pendant plusieurs années (de 3 à 6 ans) de bois mort avant de se métamorphoser. L'adulte ne consommera que du nectar et de la sève. L'espèce se raréfie à cause de l'élimination de plus en plus fréquente des vieux arbres et des bois morts en forêt.

Certaines espèces de termites, dites termites supérieurs, possèdent une particularité unique dans le monde animal : la capacité de digérer eux-mêmes la cellulose, le second composant le plus résistant du bois, avec la lignine, en sécrétant des enzymes, les cellulases. Les autres espèces xylophages, y compris certains termites dits inférieurs, n'ont pas cette capacité et ont dû développer une symbiose avec un champignon ou un protozoaire saprophyte se développant dans leur tube digestif et se chargeant de digérer pour eux la cellulose ou la lignine. Les termites champignonnistes ont développé quant à eux une autre stratégie : ils cultivent un champignon basidiomycète sur les restes végétaux dans leur termitière et s'en nourrissent. Quelques espèces de fourmis ont élaboré elles aussi ce type de proto-agriculture. De nombreuses espèces d'hyménoptères (fourmis, abeilles, guêpes) attaquent quant à elles le bois mort, souvent pour y établir leur colonie, mais aucune ne se nourrit vraiment de bois.

Les arbres malades, déshydratés ou morts sont plus aisément dévorés par les xylophages que les arbres vivants et en bonne santé qui disposent de nombreuses défenses naturelles. Ces derniers renferment en effet une batterie de molécules insecticides, bactéricides et fongicides et peuvent même engluer et noyer les insectes dans leur sève ou leur résine. Ainsi, les insectes xylophages assurent-ils un rôle essentiel dans les écosystèmes, en particulier forestiers, en initiant le travail des saprophytes et des détritivores pour former les sols et participer au renouvellement de la végétation.

principaux transformateurs de la matière organique en matière minérale. Ce sont en effet, pour la plupart des espèces, des insectes xylophages qui transforment la cellulose du bois mort ou vivant en azote minéral, en méthane et dioxyde de carbone qu'ils rejettent en très grande quantité dans l'atmosphère. On estime que les termites rejettent actuellement 6 % du méthane d'origine naturelle, soit 10 milliards de tonnes par an, à peu près huit fois moins que les ruminants élevés pour l'alimentation humaine et trois fois moins que les décharges du monde entier. Malgré tout, par leur activité de recycleur et de minéralisation de la matière organique, les termites sont considérés comme une espèce clé de voûte de très nombreux écosystèmes forestiers, de savanes ou de déserts, c'est-à-dire qu'ils font partie de ces espèces dont la disparition entraînerait probablement celle de l'ensemble de l'écosystème dont elles assurent l'équilibre entier.

Au Crétacé, entre – 145 et – 65 millions d'années, les plantes à fleurs font leur apparition et c'est une révolution pour les insectes. Curieusement, on estime qu'un tiers des espèces d'insectes disparaissent à cette période. Pour beaucoup d'insectes ailés, le nectar des fleurs va devenir l'aliment principal et va se développer entre plantes à fleurs et insectes pollinisateurs une alliance symbiotique qui est encore fondamentale de nos jours : des insectes comme l'abeille assurent la pollinisation de plus de 80 % des espèces végétales, une condition essentielle à la survie de nombreuses espèces animales, *Homo*

Il y a 100 millions d'années cet hyménoptère qui ressemblait déjà beaucoup à une fourmi s'est fait capturer par une araignée… C'était un jour de malchance pour les deux arthropodes qui se sont fait piéger en même temps par une coulée de résine qui s'est fossilisée en ambre.

sapiens compris. Le cas évolutif des abeilles est d'ailleurs significatif car il semble bien qu'elles descendent d'une guêpe carnivore du Crétacé. Les ancêtres des abeilles se seraient ainsi convertis à la récolte du nectar et du pollen pour profiter de l'apparition et du développement des plantes à fleurs, et par là même auraient contribué à cet essor botanique. Il y a 100 millions d'années, c'est-à-dire à peu près en même temps que les abeilles, apparaît également une nouvelle famille d'hyménoptères, elle aussi descendante des guêpes, les fourmis.

À la fin du Crétacé, les dinosaures disparaissent et laissent la place aux mammifères. Les insectes, peu touchés par cette extinction, continueront de peupler la plupart des écosystèmes terrestres et perdureront, pratiquement sans changement de forme, jusqu'à aujourd'hui. On connaît actuellement plus d'un million d'espèces d'insectes, soit les deux tiers des espèces animales connues. Mais il en existe vraisemblablement beaucoup plus, probablement entre 4 et 6 millions. Les fourmis, à elles seules comptent 12 000 espèces recensées. En comparaison, tous les vertébrés (poissons, reptiles, batraciens, oiseaux, mammifères) représentent moins de 50 000 espèces, et les mammifères seuls moins de 6 000, soit deux fois moins que les seules espèces de fourmis ! En termes de nombre d'individus, on estime que les insectes constituent 90 % du monde animal. Voilà pourquoi on entend dire parfois qu'ils sont les véritables maîtres du monde.

Et les champignons ? On en estime le nombre d'espèces à plus d'un million, dont seulement 10 % seraient connues et décrites dans la littérature scientifique... Les 90 % restants seraient-ils une des faces cachées de la biodiversité ?

Que serait la planète sans ses recycleurs de déchets organiques ?

Que représentent tous les décomposeurs, les détritivores et autres saprophytes, sur notre planète, en termes de quantité, après ces 500 millions d'années d'évolution des espèces et des écosystèmes ? Il suffit d'examiner quelques chiffres-clés, très parlants à défaut d'être précis : on estime que l'ensemble des organismes vivant sur Terre renferme plus de 1 000 milliards de tonnes de carbone. Faisons le compte des principaux décomposeurs : tout d'abord les animaux détritivores, qui représentent une proportion considérable du monde animal avec environ 500 millions de tonnes de carbone dans les vers de terre qui à eux seuls totalisent vraisemblablement entre 40 et 80 % de la masse animale terrestre. Viennent ensuite les champignons, et là on change

Champignon ascomycète du genre *Hypoxylon*, colonisateur précoce du bois mort et grand recycleur de nos forêts de feuillus.

véritablement d'échelle : à peu près 150 milliards de tonnes de carbone ! Mais c'est dans le domaine des bactéries et des archées que le compte est le plus difficile à faire : selon certains scientifiques, ces micro-organismes représenteraient la moitié de la biomasse terrestre soit 500 milliards de tonnes de carbone. Parmi elles, combien sont des recycleurs de matière organique, c'est-à-dire des hétérotrophes ? Entre 10 et 30 % selon les chercheurs. Si l'on fait le total, l'ensemble des recycleurs constituerait entre 200 et 300 milliards de tonnes de carbone, soit entre 20 et 30 % de la biomasse vivante planétaire.

On voit ainsi immédiatement à quel point le recyclage des déchets joue un rôle majeur dans les écosystèmes de la planète Terre, aussi bien en termes de fonctionnalité (pas de vie possible sans recyclage de la matière organique) que de biomasse.

Mais quelle est l'importance de cette forme de vie pour l'espèce humaine ? Dans le but de fournir des arguments pour l'élaboration des politiques de protection de la biodiversité, des économistes ont entrepris à la fin des années 1990 de chiffrer la valeur de la biodiversité ou plus précisément des services qu'elle rend aux sociétés humaines à l'échelle planétaire. Là encore, les chiffres parlent d'eux-mêmes : sur les 1 500 milliards de dollars de bénéfices économiques globaux réalisés grâce à la biodiversité, 760 milliards soit 49 % le sont par les organismes recycleurs de déchets organiques. En comparaison, la pollinisation qui, rappelons-le est essentielle à la production des végétaux dont nous nous nourrissons et dont se nourrit notre bétail, ne représenterait, selon les mêmes calculs, « que » 200 milliards de dollars… Depuis la nuit des temps, la vie sur Terre, c'est beaucoup de déchets, et beaucoup de recyclage…

L'intelligence rudologique des coupeuses de feuilles

Des ouvrières du genre *Atta* emportant des fragments de feuilles découpées vers la fourmilière. Une colonie mature d'*Atta colombica* peut récolter jusqu'à 400 kg de biomasse végétale par an, ce qui correspond à une surface de feuilles de plus de 4 000 m^2.

Dès leur apparition au Crétacé, il y a environ 100 millions d'années, les abeilles et les fourmis semblent former des colonies structurées dotées d'une intelligence collective. Ce mode d'organisation s'appelle l'eusocialité et se définit, au sein de la même colonie, par l'existence de plusieurs castes dont une reproductrice, par la cohabitation de plusieurs générations et par le soin collectif apporté aux jeunes. Comme nous l'avons vu, les termites ont déjà probablement réalisé cette évolution 80 millions d'années plus tôt, au Trias.

Depuis l'Éocène, il y a environ 50 millions d'années, certaines espèces de fourmis du continent sud-américain, issues vraisemblablement d'une seule et même espèce ancestrale, évoluent progressivement d'un mode de vie de chasseur-cueilleur comme le sont la plupart des autres espèces de fourmis, vers une forme d'agriculture. Les premières espèces, les plus primitives, cultivent d'abord sur des feuilles mortes en cours de pourrissement divers champignons basidiomycètes de la famille des lépiotes. Mais ce n'est qu'il y a 10 millions d'années que quelques espèces évoluées appartenant à deux genres, les *Atta* et les *Acromyrmex*, s'engagent dans la voie d'une agriculture particulièrement élaborée, fondée sur la récolte de végétaux frais, des feuilles ou des brins d'herbes découpés, façonnés en « meules » dans des chambres souterraines et sur lesquelles est cultivé un champignon unique, repiqué quasiment à l'infini, de génération en génération. L'intelligence collective est ici poussée à son comble : aucune ouvrière *Atta* ou *Acromyrmex* n'est plus « intelligente » qu'une ouvrière d'une autre espèce de fourmi, mais chaque colonie, qui peut compter jusqu'à plusieurs millions d'individus, accomplit collectivement des prouesses de complexité, allant même jusqu'à organiser une réelle gestion des déchets de l'activité agricole, indispensable à la bonne santé des cultures de champignons et à la survie de la fourmilière.

Comme l'explique Edward Wilson, grand spécialiste des fourmis et l'un des premiers promoteurs du concept de biodiversité dans les années 1980, si des extraterrestres avaient exploré la Terre il y a un million d'années, bien avant l'essor des êtres humains, ils auraient trouvé que les fourmis coupeuses de feuilles représentaient les sociétés les plus avancées que la planète pourrait jamais produire.

Les fourmis coupeuses de feuilles ont donc « inventé » l'agriculture 10 millions d'années avant *Homo sapiens*. Elles ont aussi inventé par la même occasion les premiers déchets agricoles, c'est-à-dire la première forme de déchets issus d'une activité qui ne soit pas métabolique, une activité que l'on peut déjà qualifier de technique.

CARTE D'IDENTITÉ D'UNE GESTIONNAIRE DE DÉCHETS AGRICOLES

Genre : *Atta*
Sous-famille : *Myrmicinae*
Famille : *Formicidae*
Ordre : *Hymenopterae*
Classe : *Insecta*
Embranchement : *Arthropoda*
Règne : *Animalia*
Noms vernaculaires : fourmi champignonniste, fourmi parasol, fourmi coupeuse de feuilles, fourmi défoliante
Habitat : forêt tropicale humide
Répartition géographique : du sud des États-Unis au nord de l'Argentine
Particularités : cultive des champignons sur de la matière végétale fraîche découpée puis ramenée au nid. Une des seules espèces animales, avec d'autres fourmis du genre *Acromyrmex* à pratiquer une véritable agriculture.
Pratique une gestion organisée des déchets de la colonie. La plupart des espèces d'*Atta* stockent leurs déchets dans des chambres souterraines. Seules *A. colombica* et *A. mexicana* les déposent en tas à l'extérieur et à une certaine distance du nid.

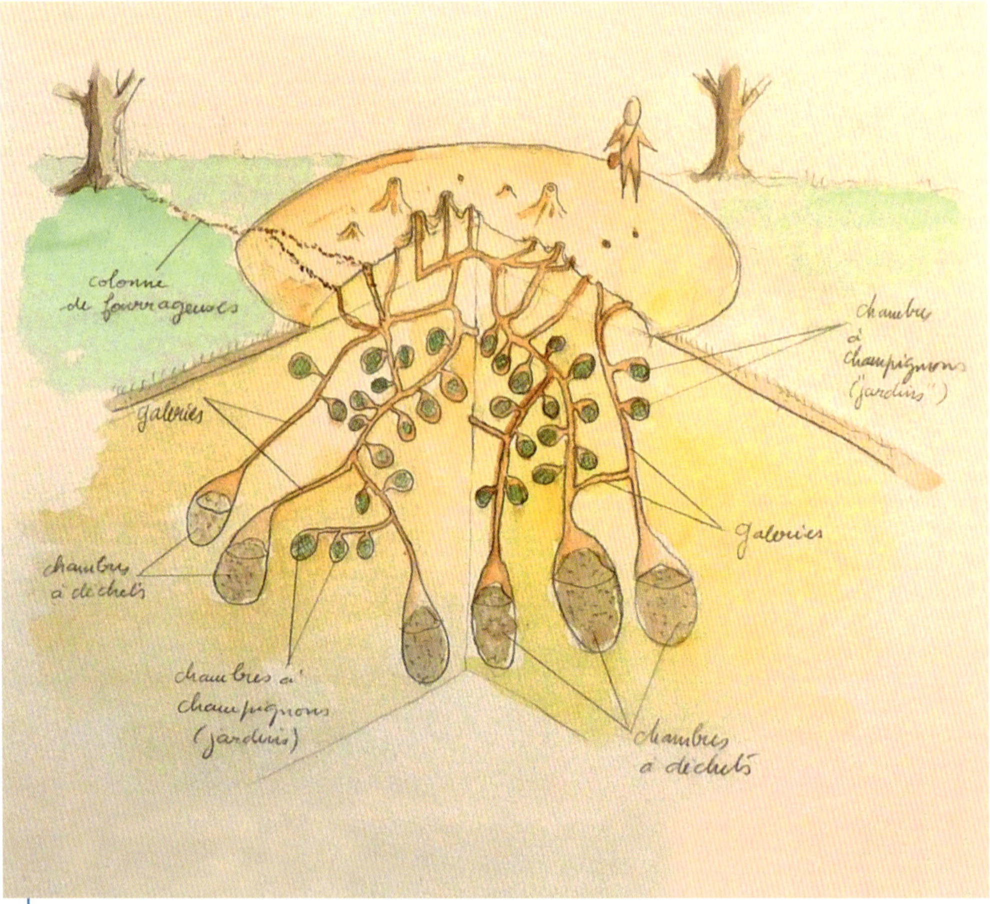

Les colonies d'*Atta laevigata* peuvent atteindre 8 m de profondeur et comportent près de 8 000 chambres. Certaines, les « jardins », sont dédiées à la culture des champignons, d'autres situées le plus en profondeur sont réservées au stockage des déchets.

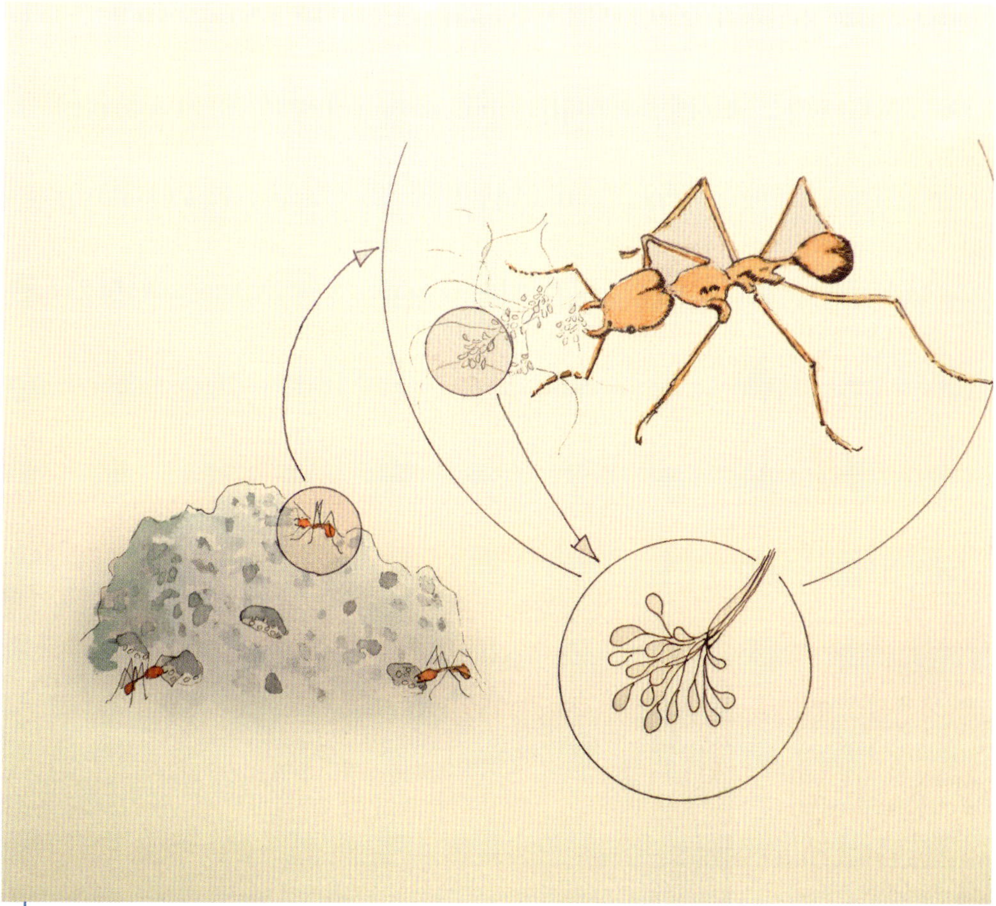

Dans les jardins, les ouvrières les plus petites écrasent et pétrissent les feuilles puis les agglomèrent pour former une « meule » sur laquelle va pousser le mycélium du champignon, une espèce de la même famille que les champignons de Paris ! On peut voir à gauche la meule sur laquelle deux ouvrières s'occupent des larves et une autre de la récolte. À droite, le gros plan de l'ouvrière récoltant des excroissances du champignon. Les larves sont nourries exclusivement de ces excroissances.

Qu'est-ce que l'intelligence rudologique ?

« Rudologique » est un néologisme construit à partir du latin *rudus*, qui signifie d'abord masse informe, brute, non travaillée, et par extension, décombres, déchets. La rudologie a été définie dans les années 1980 par Jean Gouhier, maître de conférences en géographie à l'université du Maine, comme l'étude systématique des déchets, la science des déchets. Nous nous inspirons de ce néologisme pour définir l'intelligence rudologique : la capacité d'un organisme vivant ou d'un ensemble d'organismes vivants à gérer les déchets qu'il produit, afin en particulier de ne pas en subir les effets négatifs.

On peut ainsi se rendre compte que le vivant possède différents types et différents degrés d'intelligence rudologique : nous avons vu les bactéries sulfureuses internaliser leurs déchets métaboliques, alors que la plupart des autres micro-organismes les excrètent dans le milieu environnant ; nous avons assisté aux premières symbioses et à l'évolution des écosystèmes vers des organisations complexes au sein desquelles les déchets organiques sont recyclés en permanence et jouent même le rôle de fondation de ces architectures sophistiquées.

Avec les fourmis coupeuses de feuilles, nous abordons un autre degré : l'intelligence rudologique collective, la capacité du super-organisme, que représente une communauté de fourmis très évoluées et pratiquant l'agriculture, à gérer collectivement ses déchets, grâce aux mêmes mécanismes d'intelligence collective qui leur permettent la construction de leurs extraordinaires fourmilières et la culture des champignons.

Le moindre déchet, résidu de nourriture ou excrément, est soigneusement stocké dans les chambres souterraines ou évacué à l'extérieur selon les espèces. La fourmilière est organisée pour éviter tout contact entre les déchets et les végétaux frais destinés aux jardins. Sans cette gestion attentive, les jardins seraient parasités par une moisissure invasive et la colonie condamnée à mourir de faim.

Qu'est-ce que l'intelligence collective ?

Le terme d'intelligence collective désigne la capacité d'une communauté d'organismes vivants à accomplir collectivement des tâches d'une complexité beaucoup plus grande que ne pourrait le faire chaque individu isolé. Cette capacité ne peut se former qu'à partir d'un grand nombre d'interactions entre les individus composant le groupe, chacun des individus ne possédant lui-même qu'un ensemble de règles comportementales simples, qu'une connaissance très limitée de son environnement et aucune conscience du comportement global de la communauté.

Prenons le cas des fourmis : dans une colonie, chaque ouvrière répond à un nombre limité de sollicitations, telles que le contact direct avec d'autres ouvrières, la perception de leur odeur, de leur trace chimique laissée au sol. Aucune ouvrière ne connaît l'état général de la fourmilière, ne sait si par exemple les stocks de nourriture sont suffisants et s'il est temps d'en rechercher. Chaque fourmi agit en fait comme un petit automate programmé pour répondre à son environnement avec un arsenal limité de comportements. On a longtemps cru que seule la reine disposait de la capacité de décision pour l'ensemble de la fourmilière et coordonnait les activités de « ses » ouvrières. Ce n'est pas non plus le cas. La reine n'est qu'une reproductrice et n'a aucune fonction de commandement. D'ailleurs les scientifiques la nomment désormais la « gyne », la reproductrice, et non plus la reine. Qui alors prend les décisions ? Personne ! Ou plutôt si : la gigantesque masse de tous les individus de la colonie qui agit comme un seul et même organisme dont chaque individu serait une cellule ou un organe. On a même trouvé un nom pour ce type de communauté : un super-organisme ! C'est donc la répétition des comportements individuels interagissant les uns avec les autres qui crée le comportement d'ensemble, qui s'adapte comme automatiquement au problème à résoudre.

Mais les insectes sociaux ne sont pas les seuls à posséder une intelligence collective. Il en existe d'autre formes, très diverses. Les sociétés humaines ? Oui, d'une certaine façon, mais les êtres humains sont loin d'obéir aussi « mécaniquement » que des fourmis aux sollicitations extérieures… et les sociétés humaines sont extraordinairement plus complexes que des fourmilières.

À l'aube d'*Homo ruderis*

À l'aube d'*Homo ruderis*

Été 1928. Des archéologues fouillent un dépôt de coquillages et d'os d'animaux découvert quelques années plus tôt sur l'île de Téviec à l'ouest de la péninsule de Quiberon. Ils dégagent des quantités astronomiques de coquilles, des bois de cerfs, des mâchoires de sangliers, des traces de foyers et des outils en os et en silex, un dépôt de déchets vieux de plus de 7 000 ans, c'est-à-dire de l'époque des derniers chasseurs-cueilleurs. Au cœur du dépôt, les fouilleurs mettront à jour une dizaine de sépultures renfermant en tout 23 corps. C'est une véritable nécropole. On n'a jamais rien vu de pareil pour la période des chasseurs-cueilleurs.

L'élément le plus étrange de cette découverte est la présence de tombes au cœur même des déchets. Un cimetière dans une décharge ? Les morts n'étaient pourtant visiblement pas des parias : ils ont été inhumés avec tous les égards, saupoudrés d'ocre, ornés de parures de coquillages et accompagnés d'outils, ce qui laisse deviner un rituel précis et complexe, empreint d'une vive spiritualité. Alors quoi ? Est-il possible que ces hommes aient considéré leurs amas de déchets comme des lieux sacrés ?

Page précédente
Deux des corps ensevelis dans l'amas de coquilles et de déchets de Téviec, il y a plus de 7 000 ans. Ces deux femmes portent encore leurs colliers de coquillages.

Os, charbon et éclats de silex

Reconstitution du visage d'*Homo erectus* à partir d'un crâne découvert sur l'île de Java. Probablement le premier hominidé à avoir maîtrisé le feu, il fabrique un outillage élaboré, aux formes symétriques et adaptées à des usages spécialisés.

La préhistoire de l'humanité commence il y a environ 2,3 millions d'années avec l'apparition en Afrique d'*Homo habilis*, la première espèce d'hominidé, caractérisée par la fabrication d'outils. Puis, entre – 1,8 et – 1,3 million d'années, *Homo erectus* et *Homo ergaster* sont les premiers hominidés à quitter l'Afrique et à s'implanter en Eurasie. De nombreuses vagues d'espèces successives suivront, toutes désormais éteintes sauf la dernière, la nôtre, *Homo sapiens*, apparue également en Afrique il y a environ 200 000 ans. L'homme moderne émerge alors progressivement, avec ses caractéristiques comportementales spécifiques : langage, culture symbolique et technologie lithique spécialisée. Tous ces traits sont présents avec certitude chez *Homo sapiens* à partir de – 50 000 ans. Ses migrations à partir de l'Afrique commencent il y a 70 000 ans. L'Eurasie et l'Océanie sont colonisées autour de – 40 000 ans et les Amériques vers – 15 000 ans.

L'âge des chasseurs-cueilleurs

Au Paléolithique, c'est-à-dire entre l'apparition d'*Homo habilis* il y a un peu plus de 2 millions d'années et les premières expériences de sédentarisation puis d'agriculture, aux alentours de 12 000 ans avant notre ère, la vie quotidienne de nos ancêtres est celle de chasseurs-cueilleurs nomades, se déplaçant par petits groupes d'une vingtaine d'individus en moyenne sur de vastes territoires à la recherche de gibier et de végétaux comestibles. Cette période de l'histoire de notre planète, que l'on appelle le Pléistocène, est marquée par des cycles de glaciation qui auront une influence décisive sur le comportement et l'évolution des groupes humains.

L'ethnologie nous démontre à quel point les différences culturelles, sociales et organisationnelles peuvent être grandes entre peuples de chasseurs-cueilleurs

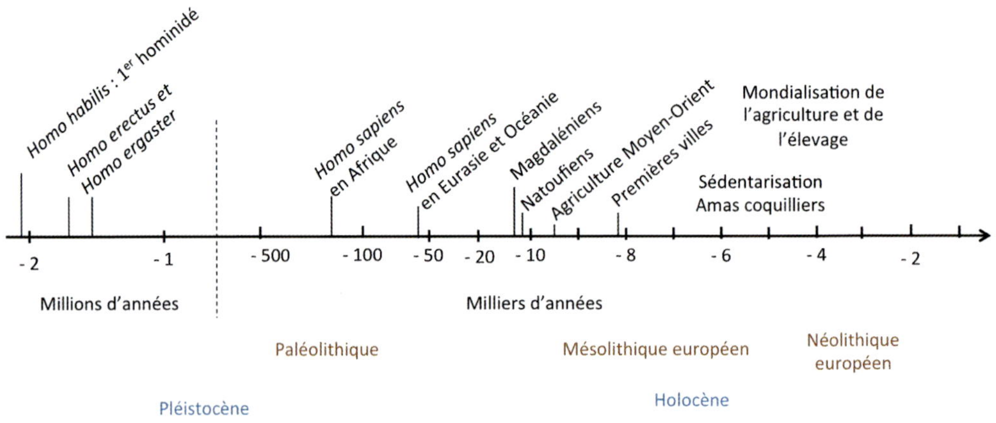

contemporains : chacun a ses modes de chasse, sa façon d'organiser ses déplacements, d'établir ses lieux d'habitation, de répartir les tâches entre hommes et femmes, entre classes d'âge, etc. Et chacun possède évidemment ses mythes, ses symboles et ses représentations propres. Ces traits culturels et sociaux ne dépendent pas que de l'environnement mais aussi de l'héritage culturel du groupe et la tradition joue un rôle extrêmement important. Il est donc très difficile d'établir des généralités qui vaudraient pour tous les peuples de chasseurs-cueilleurs et aussi d'extrapoler nos connaissances des peuples contemporains aux groupes du Paléolithique dans tous les domaines socio-culturels. Cependant, il semble possible de dégager quelques traits communs concernant le comportement rudologique (les modes de production et de traitement des déchets et l'attitude culturelle face à ceux-ci) des hommes du Paléolithique, de poser les bases d'une paléo-rudologie.

Rudologie de la pierre taillée

Le Paléolithique, « l'âge de pierre ancien », a été une première révolution industrielle dans l'histoire des espèces. *Homo habilis* et ses successeurs produisent des outils, d'abord en pierre taillée, mais aussi en os et très probablement en bois même si aucune trace n'a pu en être conservée. La fabrication de ces instruments, et des autres objets plus ou moins utilitaires dont vont s'entourer les humains, s'accompagne d'un cortège de déchets que l'on pourrait qualifier de proto-industriels. Il ne s'agit en effet plus de déchets métaboliques à proprement parler ; ce n'est pas le métabolisme de chaque être humain en tant qu'organisme vivant qui excrète ces déchets, mais son activité de

Que devient la matière enfouie au Paléolithique ?

Après plusieurs dizaines ou centaines de milliers d'années, les matières organiques biodégradables ont totalement disparu, dévorées par les organismes recycleurs de déchets. Exceptionnellement, dans certaines conditions comme dans les tourbières ou dans les déserts secs, le bois et la peau peuvent se conserver pendant quelques milliers d'années, mais guère plus. Quant aux os, plusieurs destins les attendent : dans les sols acides, comme les sables granitiques, ils vont être progressivement dissous, parfois en quelques siècles seulement ; dans les sols plus neutres ou basiques, comme les sols calcaires, ils vont être conservés beaucoup plus longtemps et peuvent même, après plusieurs dizaines ou centaines de milliers d'années se fossiliser, c'est-à-dire se minéraliser. L'étude de tous les mécanismes intervenant lors de l'enfouissement d'un organisme mort est une branche spécifique de la paléontologie nommée taphonomie. Sur un site du Paléolithique, les archéologues vont retrouver l'ensemble des objets minéraux : les silex que l'on appelle le mobilier lithique, ainsi que les os des déchets de boucherie et les ossements humains des sépultures, sauf dans les sols acides. On retrouve aussi parfois des fragments de charbon de bois qui se conserve beaucoup plus longtemps que le bois lui-même car le charbon est constitué surtout de carbone très lentement biodégradable. Il arrive aussi que la matière biodégradable laisse une empreinte sur un matériau plus durable. C'est le cas par exemple des traces de manche en bois que l'on peut observer sur certains outils de silex.

producteur d'objets manufacturés, son statut d'*Homo faber*, « celui qui fabrique ». Le processus est lancé dès les débuts du Paléolithique et ne s'arrêtera désormais plus. Notre activité industrielle intensive actuelle n'en est que le prolongement, certes à une échelle très largement supérieure, mais sans différence philosophique fondamentale. Et pour produire ses outils, l'homme du Paléolithique va générer des quantités considérables – toutes proportions gardées –, de déchets : par milliers, des éclats de silex et d'autres roches sont retrouvés sur les sites qu'il a occupés, témoins de son artisanat de fabricant de lames, de pointes, de percuteurs, de grattoirs, de broyeurs, de meules, etc. C'est même par l'étude de ces déchets de taille que les archéologues peuvent reconstituer, en complément des outils finis eux-mêmes, les techniques de fabrication.

Les derniers Magdaléniens d'Étiolles ont-ils inventé la décharge ?

Déchets de silex produits par l'expérimentation archéologique de la taille au percuteur tendre, comme la pratiquaient les Magdaléniens.

Il y a environ 12 000 ans, le site d'Étiolles près de Paris a vu s'installer à plusieurs reprises des chasseurs-cueilleurs contemporains des artistes qui ornaient les grottes du Sud-Ouest de ce qui n'était pas encore la France. Ils ont laissé sur place des déchets en abondance et les derniers occupants ont laissé la trace d'un comportement qui n'avait jusqu'alors jamais été mis en évidence : au lieu d'accumuler les déchets dans leur abri, ils les ont évacués et jetés à quelques mètres de là au bord de la rivière. C'est ce qu'on appelle un dépôt secondaire, et ce sont les prémices d'une décharge ! Une proto-décharge du Paléolithique. Mais ceux que les archéologues nomment « les derniers Magdaléniens d'Étiolles » n'y ont pas jeté que des déchets de silex : on a retrouvé au même endroit les vidanges du foyer domestique, des cendres et des charbons qui ont été évacués quand on a nettoyé l'âtre avant d'y refaire un feu plus aéré, plus « propre ». Bien sûr la notion de propreté, si tant est qu'elle existait à l'époque, n'était pas du tout la même que la nôtre... Mais le site d'Étiolles nous montre un comportement qui traduit bien la volonté de maintenir un lieu privilégié libre de tout encombrement par les déchets, un espace à la fois domestique et artisanal que l'on entretient plus rigoureusement que les autres.

Quelle que soit l'époque, quel que soit le climat, quelles que soient les espèces animales chassées et les variétés végétales recueillies, le traitement de ces ressources va produire lui aussi des déchets : des quantités très importantes d'os et de débris végétaux... Même si on ne retrouve aujourd'hui, et dans le meilleur des cas, que les os. En effet, la conservation des ossements eux-mêmes nécessite des conditions particulières qui ne sont pas toujours rencontrées.

Le nomadisme généralisé limite l'accumulation des déchets sur les lieux d'habitation en limitant la période d'occupation du même site. Selon les époques et les climats, les durées d'occupation varient de plusieurs jours à quelques mois. Cependant, les campements sont souvent réutilisés, par exemple d'une année sur l'autre à la même saison, et dans ce cas il n'est pas rare de se réinstaller sur les déchets de l'année précédente. Certains sites connaissent ainsi d'importantes durées cumulées d'occupation et donc de grandes quantités de déchets, tandis que d'autres, beaucoup moins fréquentés, ne conservent que quelques rares déchets de cuisine et objets abandonnés.

Les quantités d'os, de déchets de taille et d'objets abandonnés autour des foyers et à l'intérieur des lieux d'habitation permettent d'imaginer des camps et des abris jonchés de déchets de fabrication d'outils, de déchets de cuisine et de boucherie, la plupart du temps laissés en place : c'est ce qu'on appelle le dépôt primaire, l'absence quasi totale d'évacuation des déchets hors de leur lieu de production, l'absence apparente « d'intelligence rudologique » telle que nous l'avons définie... et c'est ce qui surprend le plus souvent quand on interprète les données des sites paléolithiques et qu'on essaie d'imaginer l'aspect des camps ; on est bien obligé de constater l'accumulation, voire la thésaurisation, des déchets sur des épaisseurs importantes, formant de véritables sols artificiels. Dans quelques cas seulement, on observe des dépôts qui pourraient être secondaires, c'est-à-dire résulter d'un « nettoyage » des dépôts primaires, évacués et entreposés non loin, entassés à côté de l'abri ou bien à la périphérie du camp. Les prémices de petites décharges. Mais pourquoi les hommes du Paléolithique accumulaient-ils autant ? Probablement d'abord parce que les nuisances que l'on associe désormais à la présence de détritus ne semblaient pas les gêner. Ainsi, éliminer les déchets leur semblait probablement inutile. On peut ensuite se demander si, dans certains cas, entasser les déchets sur le sol des abris n'était pas volontaire, par exemple pour intercaler une épaisseur de matériaux drainants comme les éclats de silex et les os entre un tapis de végétaux et le sol naturel humide ou boueux. Dans ce cas, on pourrait parler à juste titre de réutilisation des déchets et d'un degré d'intelligence rudologique qui cesserait d'être nul !

COMMENT FAIRE PARLER UN SITE : PETIT LEXIQUE D'ARCHÉOLOGIE

La stratigraphie
Inspirée de la géologie, c'est l'étude des différentes couches (ou strates) accumulées sur un site archéologique. Les couches sont différenciées les unes des autres par leur apparence physique (couleur, granulométrie) et par les objets qu'elles contiennent. On appelle l'ensemble de ces objets le « mobilier ». La stratigraphie permet une première datation relative, celle des couches entre elles : le principe de superposition nous dit qu'une couche est plus récente que celle qui se trouve directement en dessous d'elle, et plus ancienne que celle qui se situe directement au-dessus.

La fouille planimétrique
La technique a été mise au point par le préhistorien français André Leroi-Gourhan dans les années 1960. Elle consiste en un quadrillage préalable de chaque niveau, suivi du décapage soigneux, à la truelle, à la balayette, au pinceau voire au scalpel, de chaque carreau d'un mètre carré du quadrillage. Le moindre petit objet est porté sur le plan du carreau fouillé et fait l'objet d'un relevé détaillé (dessins, photos, etc.). L'ensemble de ces données sera complété par les analyses archéométriques telles que la datation absolue ou l'archéozoologie (voir ci-dessous), ce qui permettra de comprendre la répartition des différents espaces d'occupation du site, comme par exemple les zones de dépôt des déchets, d'en interpréter les fonctions et d'émettre des hypothèse de nature sociologique et culturelle.

La datation absolue
Elle doit permettre d'attribuer un âge chiffré au mobilier découvert, plus précisément que par la datation relative obtenue grâce à la seule stratigraphie. Les méthodes de datation absolue font généralement appel à la physique : la datation par le carbone 14, probablement la plus connue, permet de mesurer la quantité d'isotope radioactif du carbone dégradé, et donc le temps écoulé, depuis la mort de l'organisme dont on a retrouvé les restes (os, charbon, coquille, etc.). Mais elle ne s'applique qu'à la matière organique, et pour dater d'autres types de matériaux comme les céramiques, on fera appel par exemple à la thermoluminescence ou à l'archéomagnétisme. Quand cela est possible, plusieurs méthodes sont croisées sur un même site, à la fois pour améliorer la précision de la datation et pour établir des corrélations entre les méthodes et les rendre plus fiables.

La palynologie
C'est l'étude des pollens et des spores contenus dans les sédiments. Leur identification au microscope permet de reconstituer l'environnement et le climat de l'époque étudiée ainsi que les pratiques alimentaires et agricoles du groupe humain concerné.

L'anthracologie
Elle permet, à partir de l'étude des charbons de bois des foyers ou des incendies, de reconstituer à la fois l'environnement passé à partir de

l'identification des espèces végétales, et les techniques utilisant des foyers et des fours, comme la métallurgie ou la céramique.

La carpologie
Comme les deux précédentes, il s'agit aussi d'une des disciplines de l'archéobotanique, qui s'attache quant à elle aux restes de graines et de fruits. Elle contribue à la reconstitution aussi bien des environnements que des pratiques agricoles et alimentaires du passé.

La phytolithologie
Autre branche de l'archéobotanique, cette discipline s'attache à l'étude des phytolithes, des microfossiles de cellules végétales minéralisées durant leur vivant. On peut en retrouver partout : dans les sols, les foyers, les vestiges d'habitation, mais aussi dans les restes d'excréments. Grâce à leur forme, on peut identifier la plante dont ils sont issus.

L'archéo-anthropologie
Il s'agit de tout un ensemble pluridisciplinaire centré sur l'être humain ancien, depuis l'étude des ossements qui permet la détermination du sexe et de l'âge, l'identification de maladies ou de traumatismes, jusqu'à l'étude des sociétés, les modes de vie, les caractéristiques ethnologiques, la répartition des populations, etc.

L'archéozoologie
À la croisée de l'archéologie et de la zoologie, cette discipline s'attache à reconstituer les relations entre les hommes du passé et les animaux (chasse, pêche, domestication) à partir des restes des animaux et leur interaction avec l'ensemble du site archéologique étudié.

L'archéomalacologie
C'est une branche récente de l'archéozoologie, qui se focalise sur les restes de mollusques, essentiellement les coquilles. Elle permet de comprendre l'environnement passé, les pratiques alimentaires et culturelles du groupe humain étudié, ainsi que l'impact des activités humaines sur leur milieu.

La tracéologie
Cette discipline permet de déterminer la fonction des outils, surtout les outils préhistoriques en silex, à partir de l'examen microscopique des traces laissées par leur utilisation.

L'archéologie expérimentale
Discipline récente, elle s'attache à reconstituer par l'expérience directe les méthodes de production et d'utilisation des objets archéologiques, depuis la taille du silex jusqu'à la construction des habitations et des monuments.

L'ethnoarchéologie
Elle confronte les hypothèses des archéologues concernant les groupes humains du passé qu'ils étudient aux données ethnologiques disponibles pour les populations contemporaines ou sub-contemporaines (qui ont aujourd'hui disparu mais qui ont pu faire l'objet de rapports ethnographiques).

Les pionniers du Levant

Les premiers sédentaires ?

À l'époque des derniers Magdaléniens d'Étiolles, entre 12 500 et 11 000 ans av. J.-C., la période de réchauffement temporaire qui a permis aux chasseurs-cueilleurs d'occuper les sites du Bassin parisien touche l'ensemble de la planète. Dans certaines régions, les conditions deviennent exceptionnellement favorables aux hommes qui y sont installés. C'est le cas en particulier à l'est de la Méditerranée, dans ce qu'on appelle le « couloir levantin », une étroite bande littorale d'environ 300 km de large et 1 000 km de long qui s'étire du Sud-Est de l'actuelle Turquie jusqu'à la péninsule du Sinaï. Des hivers pluvieux et des étés chauds donnent naissance à des paysages ouverts très verdoyants, une mosaïque de prairies où poussent les céréales sauvages, et de bosquets de chênes, d'amandiers et de pistachiers. Le gibier y est abondant : des gazelles, des cerfs, des sangliers, des aurochs fournissent une ressource carnée variée, complétée par les poissons des rivières, des lacs ou du littoral, ainsi que par les coquillages.

Dans cet environnement quasi paradisiaque, vivent ceux que l'on appelle les Natoufiens, du site éponyme de Wadi-an-Natuf, entre Tel-Aviv et Ramallah

Le paysage actuel des collines de Dayr Ammar en Cisjordanie, autrefois peuplées par les Natoufiens.

en Cisjordanie. Ils ont beaucoup moins besoin de se déplacer que leurs contemporains d'Europe qui chassent les troupeaux des steppes froides. Ils limitent peu à peu leurs déplacements jusqu'à mener une existence qui apparaît très sédentaire aux archéologues : on retrouve aujourd'hui les vestiges de leurs habitations, des murets circulaires de pierre sèche qui nous laissent imaginer de toutes petites maisons rondes de 3 à 6 m de diamètre, construites en bois sur un soubassement de pierre. Souvent, on y trouve les lourds objets de leur vie quotidienne : des meules et des mortiers de pierre qui ont servi à écraser les noix et moudre les grains sauvages qu'ils collectent dans le voisinage. Comment imaginer des nomades, qui ne disposaient par ailleurs d'aucun animal de bât, transporter des meules de plusieurs dizaines de kilos et construire des maisons en dur ?

Une énigme rudologique

Des chasseurs-cueilleurs pratiquement sédentaires, donc, qui vivent en petits groupes de 20 à 50 individus et passent au minimum plusieurs mois de l'année au même endroit, dans un regroupement de quelques huttes qui pourrait déjà mériter le nom de village. Ils y reviennent très régulièrement puisque les os et les ramures des gibiers retrouvés parmi les déchets montrent qu'ils ont été abattus à toutes les saisons. Les villages sont même peut-être habités

À quoi pouvait bien ressembler un village natoufien ? Peut-être à celui-ci, occupé périodiquement dans l'année par les nomades Kuchis d'Afghanistan. Ce qui est certain, c'est que les maisons natoufiennes étaient jonchées de déchets !

La théorie du *Dump Heap*, le big bang de l'agriculture ?

En 1916, un botaniste et géographe allemand du nom de T.H. Engelbrecht (1853-1935) émet une théorie originale pour tenter d'expliquer l'émergence de l'agriculture. D'après lui, les tas de déchets (*dump heap* en anglais) des populations pré-agricoles auraient servi de premiers jardins dans lesquels les premières plantes cultivables auraient commencé à se développer. En effet, on aurait pu trouver dans ces prémices de décharge les éléments nécessaires aux toutes premières sélections artificielles des espèces végétales : de la matière organique en décomposition servant de compost et de grandes quantités de plantes sauvages comestibles récoltées dans toute l'aire de collecte contrôlée par les chasseurs-cueilleurs. De plus, y auraient été rassemblés les graines, les noyaux et les plants des végétaux jugés les plus productifs et les plus nutritifs par les humains, offrant ainsi de grandes possibilités d'hybridation et multipliant les probabilités d'obtenir de nouveaux plants plus cultivables à terme que les variétés sauvages. Nos plantes cultivées seraient ainsi les descendantes des premières plantes « rudérales » (du latin *rudus*, la même racine que « rudologie »), les plantes qui poussent sur les décombres et les tas de déchets.

Aujourd'hui encore, ça pousse beaucoup sur les tas de déchets au fond du jardin !

La théorie est séduisante et a été reprise et affinée depuis par de nombreux botanistes et historiens, en particulier dans les années 1950. Mais, pour de nombreuses raisons botaniques dans les détails desquelles nous ne rentrerons pas, la théorie du *Dump Heap* n'a plus cours aujourd'hui pour expliquer l'émergence de l'agriculture dans le couloir levantin. Contentons-nous de rappeler le comportement rudologique des Natoufiens, peuple que l'on considère unanimement comme précurseur de la domestication des végétaux : nous avons vu que malgré leur existence presque sédentaire, ils amassaient leurs déchets au cœur de leurs habitations et ne pratiquaient pas l'évacuation des déchets. Il n'y a donc que très peu de chances qu'ils aient amassé les déchets végétaux en un unique endroit comme le réclame la théorie du *Dump Heap*. Par contre, la théorie possède toujours de nombreux adeptes pour expliquer l'émergence de l'agriculture en Amérique centrale.

de façon permanente, mais l'archéologie ne nous en apporte pas la preuve irréfutable. Il y a en effet quelque chose d'un peu surprenant, d'un peu mystérieux même, quand on s'intéresse aux déchets de ces populations. Comme les Magdaléniens d'Europe de l'Ouest, ils ont laissé en place des dizaines de milliers d'éclats de pierre taillée, vestiges de leur activité de fabrication d'armes et d'outils, ainsi que de très grandes quantités d'ossements d'animaux. Et on trouve ces amas prodigieux de déchets, de plusieurs dizaines de centimètres d'épaisseur, à l'intérieur même des maisons, autour des foyers. Autant ces amoncellements, ces dépôts primaires, ne nous étonnent plus beaucoup dans les abris temporaires des nomades, autant retrouver exactement le même comportement rudologique chez des quasi-sédentaires est intriguant : comment pouvaient-ils vivre une grande partie de l'année, si ce n'est toute l'année, sur leurs déchets ? Et ce qui est tout aussi étonnant, c'est que l'on retrouve beaucoup moins de déchets à l'extérieur qu'à l'intérieur des maisons. Pratiquement pas de dépôt secondaire, donc. Pas de décharge, pas de tas amoncelés aux marges du village. Donc probablement pas, ou très peu, de nettoyage de l'intérieur des habitations. Un comportement de chasseurs-cueilleurs nomades, très probablement hérité d'une période précédant leur sédentarisation, et qui n'a pas encore nécessité de réajustement. Et c'est cette attitude vis-à-vis des déchets qui laisse certains archéologues dubitatifs sur le degré de sédentarité de ces hommes.

Les premiers agriculteurs

Pourquoi s'intéresser autant aux Natoufiens, au-delà du mystère de leur comportement rudologique ? Suivons-les encore pendant quelques siècles. À partir de 11 000 ans avant notre ère, le climat se refroidit à nouveau. On assiste à une courte reprise de la glaciation qui va durer un millier d'années supplémentaire. Les Natoufiens, en grand nombre, abandonnent leur vie sédentaire ou semi-sédentaire. Les groupes numériquement assez importants qui s'étaient concentrés dans les villages se dispersent et deviennent beaucoup plus mobiles afin de s'adapter à des ressources alimentaires devenues plus difficile d'accès : un gibier plus rare et une végétation plus désertique. Mais ils n'abandonnent pas totalement la région et, quand le climat se radoucit à nouveau, vers 9500 av. J.-C., c'est une véritable révolution que leurs descendants entreprennent : pour la première fois dans l'histoire de l'humanité, ils sèment des graines de céréales dans de petits champs préparés pour l'occasion, dans l'attente d'une future récolte. L'agriculture humaine vient de voir le jour, 10 millions d'années après celle des fourmis coupeuses de feuilles. Un âge nouveau, le Néolithique, succède au Natoufien. Il est probable que le retour aux conditions difficiles des années – 11000 / – 9500 ait enseigné aux chasseurs-cueilleurs du Natoufien le stockage des grains et de là, peut-être, la maîtrise de la germination. Mais rien n'est sûr et les causes de la naissance de l'agriculture nous restent encore très mystérieuses. Certains historiens ont même évoqué les tas de déchets des villages comme possible berceau des premières récoltes.

La révolution des déchets

Au Levant méditerranéen, on observe un changement radical des habitudes concernant les déchets lors du passage du Natoufien au premier âge du Néolithique que l'on appelle le Néolithique précéramique A (ou PPNA en abrégé, de l'anglais *Pre-Pottery Neolithic A*), à partir de 9500 av. J.-C. : alors que les Natoufiens, nous l'avons vu, n'évacuent jamais les déchets qui s'entassent dans leurs habitations, leurs descendants du PPNA, résolument sédentaires et agriculteurs, nettoient consciencieusement l'intérieur de leurs maisons. On n'y retrouve pratiquement aucun objet ni détritus au sol, mais par contre ce sont les espaces extérieurs, séparant les maisons les unes des autres qui servent de lieux d'accumulation, de dépôt secondaire de déchets. Pourtant, la structure des maisons n'a subi que peu de changements, soulignant une certaine continuité entre les Natoufiens et leurs successeurs : les maisons sont toujours rondes ou ovales ; les fondations sont toujours en pierre, mais des briques d'argile crue ont remplacé le bois pour les superstructures ; sur certains sites, la taille des maisons a augmenté et on voit apparaître une cloison interne divisant l'espace en deux pièces. Mais c'est surtout la taille des agglomérations qui a beaucoup évolué : la surface des regroupements natoufiens n'était que de quelques centaines de mètres carrés, alors que les nouveaux villages néolithiques sont en moyenne huit fois plus grands, couvrant parfois plusieurs hectares. On commence même à parler de villes à leur égard. Ainsi la célèbre Jéricho, dans la vallée du Jourdain, qui naît aux alentours de 9000 avant notre ère sur les vestiges d'un village natoufien, et qui est considérée comme la première ville du monde. Dès sa fondation, un grand mur haut de près de 4 m, fruit d'un travail collectif jamais entrepris jusqu'alors, ceinture les deux hectares de l'agglomération.

Mais revenons aux déchets : qu'est-ce qui a bien pu entraîner le changement radical d'attitude vis-à-vis d'eux ? La sédentarisation massive qui entraînerait une accumulation de détritus insupportable dans les habitations ? La taille des agglomérations qui impose *de facto* une évolution des comportements ? Nous ne connaîtrons peut-être jamais les raisons de cette « révolution rudologique ». En tout état de cause, il semble presque certain que la maison cesse alors d'être un simple abri utilitaire et prend une dimension symbolique, si ce n'est spirituelle, dont les déchets sont absolument exclus. Le sentiment du pur et de l'impur ? Certains archéologues émettent désormais l'hypothèse de grands bouleversements d'ordre spirituel associés à la maîtrise des éléments naturels qu'implique la pratique de l'agriculture. Faut-il attribuer à l'émergence de la domestication des plantes le changement de valeurs liées à la maison ? Peut-être pas : nous verrons plus loin que d'autres cultures préhistoriques sédentarisées, à d'autres points du globe, bien que n'ayant

Les murs et la base de la tour de Jéricho, considérée comme le plus ancien édifice public du monde, datant d'environ 9000 av. J.-C.

adopté ni la culture des végétaux ni la domestication des animaux, connaîtront exactement la même évolution de leur comportement rudologique, vers l'évacuation des déchets hors de l'habitat, dans des dépôts secondaires.

La naissance des décharges publiques

Dans le couloir levantin en tout cas, l'évolution vers plus de complexité et plus d'organisation se confirme entre 8700 et 7000 av. J.-C., pendant le Néolithique précéramique B (ou PPNB, *Pre-Pottery Neolithic B*). Les maisons, désormais entièrement en pierre et en briques crues, deviennent rectangulaires, ce qui leur offre l'avantage de pouvoir s'agrandir par adjonction de nouvelles pièces. Et plusieurs pièces sont en effet mises en évidence dans les maisons du PPNB. C'est à cette époque que prend forme la maison telle que nous la connaissons aujourd'hui, avec des pièces spécialisées pour la cuisine, les repas, le repos, le stockage. Leur intérieur est toujours maintenu rigoureusement propre, comme à la période précédente, et la dimension spirituelle du domicile devient encore plus marquée : on y inhume les défunts sous le sol de la pièce principale, comme si on recherchait la présence intime et éternelle des ancêtres. Les villages se structurent, s'entourent à l'image de Jéricho d'un mur d'enceinte et le comportement rudologique continue d'évoluer : non seulement l'intérieur des maisons est méticuleusement nettoyé, mais les déchets ne sont plus évacués dans les rues ni sur les places publiques comme au PPNA, mais à l'extérieur du mur d'enceinte de l'agglomération où ils vont s'accumuler dans les premières décharges collectives. La même évolution qui a touché les maisons au début du PPNA touche les agglomérations du PPNB : c'est désormais également le village ou la ville qui revêt une dimension symbolique dont les déchets sont exclus. Cette symbolisation s'inscrit aussi dans la construction de sanctuaires collectifs au cœur des agglomérations, où sont parfois enterrés certains défunts, signant peut-être des inégalités sociales naissantes. Même si l'on n'en connaît pas les détails, on assiste au PPNB à une véritable gestion collective des déchets, qui nécessite l'organisation de la collecte et la désignation collective de l'emplacement des décharges. Plus de 10 000 ans plus tard, une ville comme Paris ne possédera pas encore ce degré d'organisation... L'histoire n'est pas linéaire.

Un autre évènement d'une très grande importance dans l'évolution des sociétés humaines intervient pendant le PPNB : la domestication des premiers animaux, d'abord les moutons et les chèvres, puis un peu plus tard les bovins et les porcs. La domestication pourrait expliquer en partie le grand changement de comportement rudologique intervenu entre le PPNA et le PPNB : les animaux

Ville ou village ? Qu'est-ce qui fait la différence ?

On parle à propos de Jéricho de ville la plus ancienne du monde. Mais le terme de ville fait toujours l'objet de débats, car il existe de très nombreuses définitions différentes. Le nombre d'habitants, d'abord : les villes actuelles sont définies comme telles à partir de plusieurs milliers d'habitants. Jéricho au IXe millénaire av. J.-C. n'en comptait probablement que quelques centaines. Alors les archéologues et les historiens ont élaboré un ensemble de critères qui s'appliquent beaucoup mieux aux villes de la Protohistoire et de l'Antiquité :

- la population, quelle que soit sa taille, doit être sédentaire. C'est bien le cas à Jéricho dès ses prémices ;
- les limites de la ville doivent être clairement identifiées. C'est le cas de Jéricho avec son mur d'enceinte qui a ainsi une grande dimension symbolique ;
- des rites de fondation démontrent l'intention de rassembler en un même endroit des familles et des clans différents. C'est une des principales différences avec les villages qui ne regroupent à cette époque que des familles se réclamant d'un ancêtre commun. L'archéologie met parfois en évidence ces rituels ;
- l'apparition d'un espace public est aussi un critère déterminant, bien mis en évidence à Jéricho, aussi bien à l'intérieur de l'enceinte sous la forme d'un sanctuaire collectif, qu'à l'extérieur sous la forme des espaces collectifs de dépôt des déchets ;
- l'apparition de structures de stockage des ressources excédentaires (caves, greniers, silos, etc.). Elles ont été mises en évidence, en assez grand nombre, à Jéricho.

Au Néolithique puis au début de l'âge des métaux, les villes suivantes verront toutes le jour dans le Croissant fertile, cette grande région en arc-de-cercle à l'est de la Méditerranée qui va de l'Égypte au sud-ouest jusqu'au plateau iranien au nord-est en passant par le couloir levantin et l'Ouest de la Mésopotamie : Catalhöyük en Anatolie entre – 7500 et – 6000, les villes sumériennes d'Uruk, Ur et Ninive en Mésopotamie entre – 5000 et – 3000.

étaient gardés au cœur des agglomérations humaines et les premiers éleveurs ont dû très rapidement se rendre compte de la nécessité d'évacuer leurs déchets au-delà des limites du village ou de la ville, ne serait-ce que pour éviter les invasions d'insectes. Les autres déchets des activités humaines auraient alors pu suivre le même chemin que les déchets d'élevage, mais ce n'est qu'une hypothèse. L'archéologie nous montre que, malgré ces précautions, les maladies infectieuses deviennent très fréquentes dès cette époque, à cause de la promiscuité avec les animaux d'élevage : les épidémies de tuberculose, de rougeole, de peste bovine font leur sinistre apparition.

La cellule vivante, l'organisme, la maison, le village, la ville

Toutes ces entités peuvent se décrire de la même façon : une structure délimitée par une frontière (une membrane, une peau ou un mur) définissant un intérieur et un extérieur, régulant les flux de matière, d'énergie et d'information entre l'extérieur et l'intérieur, dans le but de pérenniser la structure. Tout comme les organismes vivants, les habitats humains sont des structures dissipatives ! Osons maintenant une autre analogie entre la maison et la cellule vivante : un village du PPNA ressemble alors à s'y méprendre à une colonie de micro-organismes et une ville du PPNB à un organisme pluricellulaire !

La figure suivante montre l'évolution des habitats du couloir levantin, du Natoufien ancien au PPNB, ainsi que l'évolution de la répartition des déchets dans l'agglomération : les dépôts primaires au cœur des abris natoufiens (A), les dépôts secondaires devant et autour des maisons du PPNA (B), les dépôts secondaires à l'extérieur de l'agglomération du PPNB (C).

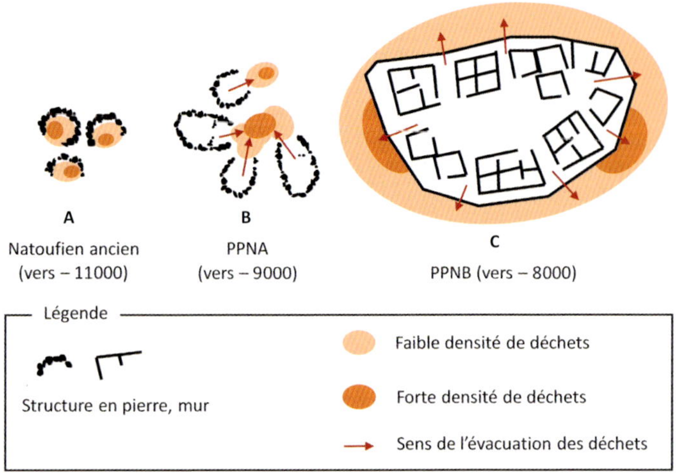

L'évolution rudologique de l'habitat natoufien à la ville néolithique illustre bien l'analogie maison / cellule vivante : en 3 000 ans on est passé de l'équivalent d'une bactérie sulfureuse internalisant ses déchets (A), à celui d'une colonie de micro-organismes excrétant leurs déchets autour d'eux (B), puis à l'analogue d'une des premières formes animales primitives évacuant à l'extérieur la totalité des déchets métaboliques produits par chacune de ses cellules (C)… N'oublions pas qu'il avait fallu près de 3 milliards d'années au vivant pour en arriver là. Force est de constater que l'évolution des sociétés humaines ne suit pas tout à fait le même rythme que l'évolution du vivant !

La néolithisation de la planète

À partir du foyer levantin, dans un processus que les archéologues nomment la néolithisation, l'agro-pastoralisme va se diffuser vers les régions voisines puis vers l'Europe, le Nord de l'Inde et l'Afrique du Nord. Dans toutes ces régions, les céréales et les animaux domestiqués seront d'abord et avant tout les mêmes que dans le couloir levantin : blé, épeautre, orge, moutons, chèvres, porcs et bovidés.

Un peu plus tard, entre – 6000 et – 4000, aux quatre coins du globe et de façon tout à fait indépendante, d'autres foyers verront le jour d'où émergeront des agricultures différentes : le centre du Mexique, la vallée du Yangzi en Chine, l'Amérique du Sud, la Nouvelle-Guinée, l'Afrique sub-saharienne. C'est ce que les historiens nomment une convergence.

Mais avant que ce phénomène ne touche l'ensemble de la planète, un autre mode de vie, celui des chasseurs-cueilleurs, va persister longtemps, y compris sous la forme de sociétés sédentaires, complexes et hiérarchisées.

L'âge des amas coquilliers

Changements climatiques et nouveaux modes de vie

La « révolution néolithique » du couloir levantin n'est pas la seule conséquence du réchauffement climatique intervenu à partir du xe millénaire avant notre ère et que les scientifiques nomment l'optimum de l'Holocène. En effet, l'ensemble de la planète est affecté par cet événement. En quelques siècles, la fonte des glaciers et de la banquise provoque une importante remontée du niveau des mers. La végétation d'une grande partie des terres émergées est rapidement modifiée. Sur tous les continents, les régions où le climat est passé de subarctique à tempéré se couvrent peu à peu d'une épaisse forêt : d'abord des sapins qui sont, au fil des siècles et des millénaires, remplacés par les feuillus. Ainsi, en Europe de l'Ouest, le climat actuel et la forêt de feuillus telle que nous la connaissons sont déjà en place dès 6500 avant notre ère.

Partout, les chasseurs-cueilleurs qui ont conquis tous les continents au Pléistocène s'adaptent à leur nouvel environnement en développant de nouvelles techniques de chasse, comme le tir à l'arc, destinées à un nouveau type de gibier peuplant les forêts (cerfs, sangliers, aurochs...). Le nouvel outillage de pierre associé à ces nouvelles techniques a donné le nom de ce nouvel âge :

le Mésolithique, qui succède au Paléolithique. Plus le climat devient tempéré, plus les ressources deviennent abondantes et diversifiées. La cueillette des ressources végétales, comme par exemple les fruits à coques, prend de plus en plus d'importance. Encore plus qu'au temps des glaciations, chaque année est rythmée par des cycles saisonniers qui entraînent la saisonnalité des ressources. Il faut désormais stocker ces denrées temporairement abondantes et les conserver pendant les saisons où elles manquent. Le stockage des ressources rend les déplacements des hommes à la fois plus compliqués et moins nécessaires. Les groupes humains se sédentarisent peu à peu. Les forêts rendent les déplacements difficiles, et les voies fluviales sont de plus en plus empruntées.

Les chasseurs-cueilleurs du Mésolithique s'établissent ainsi en nombre le long des grands cours d'eau et du littoral, également pour y profiter de l'abondance des ressources aquatiques. Les côtes les plus favorables sont celles où

Un village mésolithique reconstitué au bord d'un cours d'eau, à l'Archeon d'Alphen-sur-le-Rhin aux Pays-Bas.

les marées découvrent de grandes étendues, donc là où la plateforme continentale est large et peu profonde et où les coefficients de marée sont importants : on peut alors sans difficulté pratiquer la pêche à pied à marée basse, tout comme on la pratique encore de nos jours. En Europe, en Asie et en Amérique du Nord, le littoral et ses ressources ont même permis d'ouvrir les hautes latitudes, par exemple la Scandinavie, à un peuplement humain que les terres de l'intérieur, aux ressources alors beaucoup plus pauvres n'auraient pas attiré.

Même si l'on reconnaît aujourd'hui, grâce à l'archéologie, l'importance du peuplement des côtes lors du réchauffement de l'Holocène à partir du

Les régions côtières, berceau et avenir de l'humanité ?

On a longtemps sous-estimé l'importance des régions côtières dans l'histoire de l'humanité. On sait maintenant qu'elles ont probablement joué un grand rôle dans la conquête de la planète par les espèces humaines successives, dans l'émergence de l'agriculture, et dans le développement des États.

Par exemple, les dernières découvertes dans la région du détroit de Gibraltar laissent imaginer une toute nouvelle histoire du peuplement de l'Europe : celle de peuples côtiers du Paléolithique colonisant l'Europe à partir de l'Afrique en suivant le littoral et en exploitant les ressources maritimes. Beaucoup d'archéologues pensent aussi que les côtes ont joué un rôle majeur dans l'expansion de l'espèce humaine en Asie et en Amérique. La consommation des coquillages est même utilisée par certains chercheurs comme un marqueur du comportement de l'homme « moderne », *Homo sapiens*, avec la pression sur les populations de mollusques corrélée à la croissance démographique humaine.

Les grandes cités-États se sont toutes développées au bord de grand systèmes fluviaux (Mésopotamie, Nil, Indus, Yangzi), là où les conditions environnementales (ressources aquatiques abondantes et proche contact avec les régions côtières et les mers fertiles) étaient similaires à celles du littoral.

Loin d'être des « culs-de-sac » abritant des populations survivant chichement comme on l'a longtemps théorisé, les côtes ont été le siège de cultures florissantes de chasseurs-cueilleurs qui ont perduré pendant des millénaires et ont développé de hauts niveaux de complexité et d'organisation.

Aujourd'hui encore, près de 25 % de la population mondiale vivent à moins de 100 km des côtes. On estime que d'ici à 2030, cette proportion sera passée à 50 %.

x^e^ millénaire, on n'en connaîtra jamais exactement l'ampleur et on continuera probablement encore longtemps à la sous-estimer. En effet, les sites archéologiques sont relativement rares en comparaison de la probable étendue du phénomène de peuplement : la remontée du niveau de la mer et l'érosion ont détruit la grande majorité des sites, et la quasi-totalité de ceux antérieurs à – 6000. Il est donc difficile de connaître l'exacte origine et l'ancienneté de ces peuplements, même si l'archéologie sous-marine met au jour des sites de plus en plus anciens remontant même au Paléolithique final. On sait d'autre part que les traversées maritimes étaient possibles dès le Paléolithique : l'Australie est occupée à partir de – 50 000 ans par des peuples venant d'îles de l'actuelle Indonésie.

Les villages de coquilles

C'est au Mésolithique que nous devons les traces les plus anciennes de techniques de pêche élaborées. On met au jour des hameçons mais aussi, dans les zones humides des cours d'eaux et des littoraux, des objets en matières périssables : des nasses, des filets, des pirogues. Ces techniques existaient peut-être déjà au Paléolithique mais on n'a retrouvé de cette époque que quelques hameçons, alors que l'on a découvert par milliers des harpons de cet âge.

Beaucoup d'activités côtières, comme par exemple le ramassage des coquillages, ne nécessitent que peu d'équipement spécialisé. On ne retrouve alors les traces de cette ressource que par les déchets qu'elle laisse. Et quelles traces ! Quels déchets ! Partout aux quatre coins de la planète, des amoncellements de coquilles qui peuvent atteindre plusieurs mètres d'épaisseur sur des dizaines de mètres de long. On les appelle *shell midden*s en anglais, *concheros* en espagnol, *køkkenmødding* au Danemark, *sambaqui* au Brésil, *kaizuka* au Japon. Des noms différents pour des sites semblables, des modes de vie semblables, qui ont laissé des traces semblables, de façon presque concomitante, dans des régions distantes de plusieurs milliers de kilomètres et la plupart du temps sans relation les unes avec les autres. Tout comme l'avènement de l'agriculture et de l'élevage, le phénomène généralisé à l'échelle planétaire des amas coquilliers peut à juste titre être considéré comme une des convergences majeures de l'histoire de l'humanité.

Dans certains cas, ces amas coquilliers modèlent le paysage et ressemblent à de véritables monuments. Comment en est-on arrivé là et que nous disent ces monceaux de coquilles sur les sociétés de chasseurs-cueilleurs qui les ont élevés ?

Combien y a-t-il d'amas coquilliers préhistoriques dans le monde ?

L'amas coquillier du *Mound of Mystery* en Caroline du Sud est constitué majoritairement de coquilles d'huîtres.

Personne ne le sait avec exactitude, car tous les pays ne s'intéressent pas à ces sites archéologiques et beaucoup sont détruits par des travaux publics avant même d'avoir pu être étudiés par les archéologues. Entre les recensements officiels et les études publiées, on peut cependant estimer qu'il y en a entre 10 000 et 20 000 ! Tous ne sont pas de grande taille, bien au contraire, et on trouve souvent de petits dépôts de quelques dizaines de centimètres d'épaisseur et de quelques mètres de long.

Tous ne sont pas situés le long des côtes : on en retrouve sur les berges des fleuves et sur les rives des grands lacs, comme en Afrique orientale. On en trouve aussi dans le Tassili n'Ajjer, aujourd'hui un désert au cœur du Sahara, mais une région verdoyante au Mésolithique, comme en témoignent les peintures rupestres. Et quels mollusques y consommait-on alors ? Des escargots, bien entendu, dont on retrouve les coquilles par milliers dans les amas accumulés par les hommes qui les ont dégustés !

Les amas coquilliers les plus anciens ont été trouvés dans des cavernes côtières d'Afrique du Sud et datent du Pléistocène, entre 120 000 et 60 000 ans av. J.-C., c'est-à-dire à peu près contemporaines de la sortie d'Afrique d'*Homo sapiens*. Ils comptent parmi les vestiges les plus anciens d'établissements humains. Il semble que l'exploitation des ressources côtières ait persisté pendant des dizaines de milliers d'années en certains points du globe, mais ce n'est qu'avec l'Holocène que les sites d'amas coquilliers se multiplient et se densifient.

Entre – 9000 et – 8000, des amas coquilliers font leur apparition dans plusieurs régions du pourtour de l'océan Pacifique : en Australie, en Chine du Sud, en Corée, au Japon et sur la côte ouest de l'Amérique du Nord. Ces dépôts sont de faible épaisseur, en général moins d'un mètre, et sont éloignés des habitations. Ce sont probablement des sites sporadiques de ramassage et de préparation des coquillages correspondant à l'activité de chasseurs-cueilleurs nomades très mobiles.

À partir de – 6000, à une période que les archéologues nomment le Mésolithique récent et les géologues l'Holocène moyen, les populations se sédentarisent en de nombreuses régions de la planète, et tout particulièrement le long des côtes. Du littoral atlantique de l'Europe jusqu'au Brésil en passant par la péninsule arabique, la Chine, la Corée, le Japon, l'Insulinde, les façades atlantique et pacifique des deux Amériques ainsi que les Antilles, les côtes du monde entier se couvrent progressivement de villages de chasseurs-cueilleurs-

Certains paysages de la Baja California, au Mexique, sont marqués par la présence d'immenses amas coquilliers.

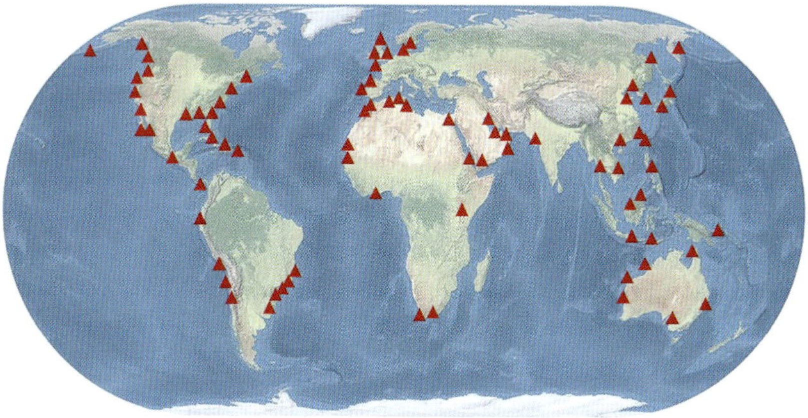

Entre – 6000 et – 1000, les côtes du monde entier se couvrent littéralement d'amas coquilliers associés à des habitats sédentaires ou semi-sédentaires. Sur cette carte, chaque triangle rouge marque une région où des amas ont été découverts : les densités varient de quelques sites par triangle, comme par exemple en Bretagne, à plusieurs centaines comme au Danemark et dans les régions très densément pourvues du Japon, d'Australie et de Californie.

pêcheurs qui organisent leur vie autour de l'exploitation des ressources aquatiques et en particulier des coquillages. Les populations sont les plus nombreuses là où la ressource est la plus abondante, comme dans les estuaires et dans les régions à larges estrans. Avec les millions de coquilles recueillies, de véritables collines sont élevées autour des habitations. Les archéologues retrouvent même dans certains grands amas coquilliers des traces qui démontrent qu'on pouvait y construire les maisons, y cuire les aliments et même... y enterrer les morts. Dans les régions marécageuses, les amas coquilliers deviennent les seuls terrains où l'on peut construire à l'abri des inondations. Il ne faut donc pas imaginer les grands dépôts de coquilles du Mésolithique comme des décharges au sens contemporain, mais comme des lieux de vie très intense où les générations se succèdent, parfois pendant des siècles voire des millénaires.

Dans ces villages de chasseurs-cueilleurs côtiers se mettent en place des sociétés qui se complexifient et se hiérarchisent peu à peu. Les archéologues estiment que ces portions de littoral abritent alors les peuplements parmi les plus denses et les plus structurés de la planète, comparables à ceux des premières sociétés d'agriculteurs.

Les pyramides de coquillages, les premiers monuments de l'humanité ?

À l'apogée des cultures littorales de chasseurs-cueilleurs-pêcheurs, leurs amas coquilliers atteignent des dimensions monumentales, de plusieurs mètres de haut et de plusieurs dizaines de mètres de long. Mais ils n'ont pas que des dimensions monumentales, ils ont aussi dans de nombreux cas les fonctions de véritables monuments : ils sont le signe extérieur de la richesse du village qui y accumule ses déchets. Les archéologues pensent même que dans la plupart des cas d'amas monumentaux, c'est la richesse d'une famille ou d'un clan plus puissant que les autres qui est exhibée de façon aussi ostentatoire. Une famille dominante capable d'offrir des banquets de coquillages à l'ensemble du village, des banquets dont la trace, l'amoncellement de déchets, portera témoignage pendant des générations. Comme le souligne le rudologue Gérard Bertolini, « le gaspillage n'est pas un résidu irrationnel, il a une fonction positive, une utilité ». Celle d'affirmer l'abondance, la richesse, la prééminence sociale. Plus on est riche, plus on produit de déchets et, souvent, plus on le montre.
De nombreux archéologues considèrent aussi les grands amas coquilliers comme des lieux essentiels de rituels et de cérémonies, associés à la consommation collective des coquillages lors des banquets offerts par les puissants. Dans quelques amas d'Europe de l'Ouest et dans de nombreux sites des Amériques et du Japon, on a retrouvé des sépultures accompagnées de preuves de rituels élaborés : on a très vraisemblablement inhumé là, au cœur des restes des grands banquets cérémoniels, et très probablement en grande pompe, des membres importants de la communauté, peut-être les chefs de ses familles les plus puissantes.

Les amas coquilliers du XXIe siècle : chaque année lors de la braderie de Lille, les rituels tas de coquilles de moules sont à la fois des marqueurs quantitatifs de l'abondance, pouvant faire l'objet d'une compétition, et un souvenir symbolique du festin, amassé en place publique. Exactement comme au Mésolithique.

La fin d'un monde

L'âge des amas coquilliers a duré quelques milliers d'années dans la plupart des régions du monde. Il a cédé la place à d'autres formes de civilisation, sous la pression de différents phénomènes selon les continents : dans la plupart des cas, la fin de l'optimum climatique de l'Holocène a signifié un retour à des conditions plus froides et plus sèches, modifiant les courants marins et tarissant les ressources aquatiques. Dans beaucoup de régions du globe, l'évolution climatique a été accompagnée de l'arrivée de l'agriculture et de l'élevage, comme par exemple sur les côtes de France. Les archéologues montrent qu'alors les hommes ont littéralement tourné le dos à la mer pour se tourner vers les ressources de l'intérieur des terres. Dans certains cas comme en Corée, au Japon ou au Danemark, les peuples des amas coquilliers ont cohabité pendant de nombreuses générations avec des sociétés agricoles et n'ont pas été immédiatement supplantés. En certains points d'Amérique et d'Australie, la culture des amas coquilliers a perduré jusqu'à l'arrivée des colons européens… qui l'a balayée en quelques années.

Les amas coquilliers, patrimoine scientifique et culturel

Outre les archéologues, de nombreux scientifiques se penchent sur les amas coquilliers de la préhistoire. Beaucoup y cherchent les clés de la compréhension des oscillations climatiques, de la saisonnalité et des changements environnementaux intervenus au cours de l'Holocène. La très grande quantité de coquilles que renferment les amas permet en effet d'établir des statistiques robustes sur des siècles d'occupation, voire des millénaires dans certains cas.

Parmi toutes les techniques mises en œuvre, la schlérochronologie, l'étude des stries de croissance des coquilles tient un rôle de premier plan. Ces stries sont en effet des marqueurs fiables de la vie des mollusques et en particulier d'évènements tels que les saisons ou les périodes de stress environnemental, de façon tout à fait analogue aux cernes de croissance des arbres. En comparant les données recueillies sur un grand nombre de coquilles d'âges différents sur un même site, on peut ainsi reconstituer les évènements climatiques avec une grande précision.

Même s'ils sont constitués d'anciens déchets, les amas coquilliers ne sont pas des décharges au sens moderne du terme. Ce sont en fait les plus anciens monuments du monde, des trésors archéologiques et souvent encore des lieux sacrés.

Dans la région de San Francisco en Californie, les Amérindiens de la nation Ohlone manifestent régulièrement pour faire reconnaître les amas coquilliers de leurs ancêtres comme des cimetières, des sanctuaires et des monuments historiques, de véritables « temples de coquillages », plus anciens que les pyramides d'Égypte, et non pas comme des décharges (y compris pour y déposer les déchets industriels contemporains !), des carrières à matériaux de construction ou des terrains vagues où l'on peut construire des centres commerciaux.

Déchets de civilisation, civilisation des déchets

Déchets de civilisation, civilisation des déchets

Quand Loïc était petit, sa grand-mère lui contait l'histoire de la sirène tombée amoureuse d'un marin. Pour la punir, son père l'avait enfermée dans son palais au fond de la mer et depuis elle pleurait tous les jours. Ses larmes n'étaient pas faites d'eau salée comme les humains, mais de perles de verre. D'ailleurs, la grand-mère emmenait souvent Loïc rechercher ces toutes petites billes de verre que l'on pouvait trouver sur la plage. Aujourd'hui, Loïc est un vieil homme, et quand il se promène sur la plage de son enfance, il trouve encore des larmes de sirène. Mais elles sont désormais en plastique, et jonchent par milliards les côtes du monde entier. Elles n'enchantent plus Loïc : elles sont absorbées par les animaux marins, et les polluants qu'elles contiennent ne cessent de s'accumuler dans la chaîne alimentaire.

Page précédente
Les matières plastiques se dégradent très lentement en mer. Ici, un sac plastique qui ressemble à s'y méprendre à une méduse et qui sera peut-être ingéré par un animal marin.

Une odyssée de 5 000 ans

D'une révolution à l'autre

Entre 6000 et 3000 av. J.-C., la domestication des plantes et des animaux apparaît indépendamment dans sept ou huit régions différentes du globe et gagne progressivement la grande majorité des sociétés humaines. C'est ce qu'on a coutume d'appeler la « révolution néolithique ». Aux quatre coins de la planète, l'homme aménage les écosystèmes et en bouleverse les équilibres. Les changements sociaux qui en résultent sont eux aussi gigantesques : la sédentarisation se généralise, les taux de natalité explosent ainsi que les densités de population. Pendant ces trois millénaires, la population mondiale passe de moins de 10 millions à plus de 20 millions d'êtres humains, et ce n'est que le début de l'explosion démographique mondiale !

Alors que le nombre d'êtres humains sur la planète est à peu près multiplié par 2, on peut estimer que la quantité de déchets produits par les êtres humains et leurs activités est multipliée par 4, puisque chaque agriculteur-éleveur produit alors à peu près deux fois plus de déchets que son ancêtre chasseur-cueilleur. Ce sont essentiellement les déchets de l'agriculture et de l'élevage qui causent cette différence.

Après la mise en place des civilisations fondées sur l'agriculture et l'élevage, commence alors, vers - 3000, une longue marche qui aboutira à une autre révolution majeure, la « révolution industrielle » du XIXe siècle, dont nous vivons encore les soubresauts. Entre ces deux « révolutions », la néolithique et l'industrielle, à peu près 5 000 ans de civilisations qui se ressemblent beaucoup, d'une époque à l'autre, d'un continent à l'autre : des sociétés majoritairement rurales, agricoles et artisanales, organisées autour de foyers urbains, des villes plus ou moins grandes, plus ou moins puissantes et dont la fortune peut évidemment varier selon les époques. Ces territoires ne fonctionnent pas indépendamment les uns des autres et les échanges commerciaux et culturels, souvent initiés dès la préhistoire, sont nombreux et intenses. Et ces sociétés ne vont que continuer à se complexifier au cours du temps, se structurer en royaumes, en états, en empires. Pendant ces cinq millénaires la population mondiale continue de croître de façon exponentielle : à peu près 20 millions en – 3000, 200 millions au début de l'ère chrétienne, 500 millions au XVIe siècle, le premier milliard atteint à l'aube du XIXe siècle ! La production mondiale de déchets suit la même courbe de croissance, quasiment à l'identique, car elle augmente alors essentiellement à cause de l'accroissement de la population. En effet, les modes de consommation des ressources et de production de déchets vont étonnamment peu varier entre la révolution néolithique

Même si la civilisation se définit classiquement par l'existence des villes (ici, Rome), les centres urbains ne pèsent que très peu dans la population mondiale jusqu'au XIXe siècle. Pendant les 5 000 ans qui séparent la révolution néolithique de la révolution industrielle, l'écrasante majorité de la population est rurale.

et la révolution industrielle : chaque humain « néolithisé » consomme en moyenne autant de ressources et produit en moyenne autant de déchets, de la fin du Néolithique à la fin du XVIIIe siècle car, en moyenne sur l'ensemble de la planète, les modes de vie ne changent pratiquement pas. Pendant ces 5 000 ans, les hommes sont essentiellement des paysans. Les urbains ne représentent jusqu'en 1800 que quelques pourcents de la population. L'essentiel de la puissance de production est alors fourni par les humains et les animaux d'élevage, ce qui limite considérablement la capacité à consommer des ressources biologiques et minérales par l'agriculture, l'artisanat et les premières expériences proto-industrielles.

Les déchets de cette période de 5 000 ans se ressemblent aussi beaucoup d'une région à l'autre, d'un siècle à l'autre. Ils tranchent franchement avec la période précédente, celle des chasseurs-cueilleurs, et constituent les prémices de nos déchets modernes. Ils peuvent d'ailleurs se diviser en catégories qui existent toujours actuellement et qui s'accompagnent de problèmes avant-coureurs des nôtres !

Les déchets de l'agriculture et de l'élevage : priorité à la valorisation

Cultiver des plantes, élever des animaux, c'est aussi faire face aux déchets qu'ils produisent ! Une vache, par exemple, produit en moyenne 30 kg de bouse par jour, soit un peu plus de 10 tonnes par an ! Depuis le Néolithique et jusqu'à la révolution industrielle, les éleveurs et les agriculteurs de toutes les régions et de toutes les époques ont mis en place une longue tradition de valorisation de ces matières. De façon empirique, ils ont découvert que les déjections animales fertilisaient les terres agricoles et représentaient une véritable richesse à recueillir et utiliser. Dans certaines parties du monde, en particulier là où le bois fait défaut, les bouses de ruminants sont utilisées comme combustible. En Inde, on les appelle encore « bois de vache » ! Ailleurs, comme par exemple au Tibet, on les utilise comme matériau de construction, pour la fabrication du torchis ou des briques crues.

De la même façon, la paille qui fut le principal déchet de l'agriculture avant le XXe siècle, était traditionnellement réutilisée : elle servait de fourrage pour les ruminants lorsque le foin n'était pas suffisamment abondant, de litière pour les animaux et de matériau de construction, par exemple pour la réalisation des toits de chaume. Quand elle n'était pas réutilisée, elle était laissée sur le champ, ce qui pouvait servir à fertiliser, ou bien brûlée, ce qui conduisait souvent au contraire à l'appauvrissement progressif des sols.

Dans les agricultures traditionnelles, pratiquement tous les déchets d'origine animale ou végétale sont réutilisés, comme en Inde où l'on fait sécher la bouse de vache pour en faire du combustible.

Parfois, et ce depuis la plus haute antiquité, les déchets issus de l'élevage n'étaient pas suffisants pour fertiliser les champs et les agriculteurs récupéraient alors les déchets organiques de la ville : un mélange de cendre des foyers, de déchets alimentaires et de crottin des animaux urbains. À titre d'exemple, le cheval fut jusqu'au XXe siècle un gros producteur de déchets urbains. Paris comptera jusqu'à 80 000 chevaux à la fin du XIXe siècle, ce qui représentait plus de 3 000 tonnes de crottin par jour… qui servaient en partie à la culture des champignons (de Paris !) dans les carrières souterraines des environs de la capitale. Les déchets organiques de l'artisanat étaient aussi convoités par les agriculteurs : sang, cornes et os brûlés des abattoirs et des boucheries, déchets des tanneries, cendres des fabriques, etc.

Les déchets urbains : les difficultés commencent !

Les premières villes voient le jour entre 8000 et 3000 av. J.-C. dans les plaines alluviales fertiles des grands fleuves : d'abord en Mésopotamie, puis dans la vallée du Nil, de l'Indus, du Gange et du Yangzi Jiang, avant d'apparaître dans de nombreuses autres régions de la planète. L'émergence des villes est probablement liée à l'essor de sociétés agricoles et pastorales de plus en plus efficaces, capables de générer des excédents de production. Ces excédents

Déchets urbains et santé publique ?... « On ne voit pas le rapport ! »

Nul ne sait si les anciens avaient établi une relation entre la présence des déchets en ville et la santé publique. On trouve bien dans quelques villes antiques les vestiges de latrines et d'égouts, par exemple à Mohenjo-Daro dans la vallée de l'Indus dès le IIIe millénaire av. J.-C., ou à Rome à partir du Ve siècle av. J.-C. Cette préoccupation pour l'hygiène individuelle, liée à l'utilisation de l'eau, est également attestée dans les écrits anciens : les grandes villes de l'Empire romain s'enorgueillissaient de leurs thermes, de leurs latrines et de leur système d'égouts. Les systèmes romains d'évacuation des eaux usées seront d'ailleurs ce qui se fera de mieux dans le monde occidental jusqu'à la révolution industrielle. Mais par contre, on ne trouve absolument rien, dans les écrits antiques, sur les déchets solides, sur les ordures ménagères pourtant si présentes en ville ! Il faudra attendre pour cela le Moyen Âge et le récit des désagréments que les odeurs pestilentielles des déchets organiques en décomposition font ressentir au roi Philippe Auguste dans le Paris de la fin du XIIe siècle.

de richesses auraient alors favorisé la division du travail, la spécialisation des travailleurs agricoles d'abord, puis des artisans, des commerçants, des administrateurs, des soldats, des prêtres, etc. Une société qui restait fondée sur l'économie agricole, mais hiérarchisée et centralisée dans un lieu unique : la ville. Pendant toute la période de 5 000 ans qui nous intéresse ici, la ville ne peut exister que grâce au territoire rural dont elle dépend. La ville est la fille de la campagne !

La gestion des déchets produits dans la ville, les déchets urbains, devient alors un problème que les sociétés anciennes vont résoudre avec des fortunes diverses. L'évacuation des ordures ménagères, d'abord, nécessite un minimum de gouvernance pour éviter l'encombrement de l'espace public : si chacun, depuis la sédentarisation du Néolithique, a à cœur de nettoyer l'intérieur de sa maison, la rue est d'emblée tout naturellement la destination des déchets

Heurs et malheurs d'une cité… vus à travers ses déchets

L'archéologie nous révèle parfois des réalités étonnantes. Ainsi, la ville d'Autun en Bourgogne, appelée Augustodunum, « la forteresse d'Auguste », du Ier au VIe siècle ap. J.-C., fut une prestigieuse cité gallo-romaine, ceinte de murs et dotée de somptueux monuments. Au temps de sa magnificence, aux IIe et IIIe siècles, les déchets urbains étaient soigneusement collectés et tous évacués hors de la ville : on trouve les traces de grandes décharges de l'époque à sa périphérie et les niveaux archéologiques *intra muros* correspondants sont vierges de tout déchet digne de ce nom. Or, la cité subit, comme le reste de la Gaule et d'une partie de l'Empire romain, d'importants revers de fortune à la fin du IIIe siècle. Aux premières incursions des Barbares s'ajoutent une crise économique et une grande instabilité politique entraînant guerres civiles et anarchie militaire. L'archéologie nous montre qu'alors les grandes décharges périphériques sont abandonnées au profit d'une multitude de petits dépôts de quartier. Il semble bien que plus aucun administrateur public ne soit chargé de la collecte et de l'évacuation des déchets à l'échelle de l'ensemble de la cité et que, par conséquent, la charge soit déléguée *de facto* aux habitants qui s'organisent comme ils peuvent : les fouilles archéologiques nous montrent les fossés, les caniveaux, et même les bassins d'agrément de certaines propriétés privées comblés par les déchets domestiques de cette période troublée ! Il est ainsi démontré que, au moins dans le cas d'Augustodunum, la gestion des déchets de la ville était sérieusement administrée en période de paix et que cette administration s'écroula au moins une fois dans l'histoire, conduisant à une véritable anarchie rudologique.

La porte Saint-André à Autun, datée du IIIe siècle ap. J.-C. Augustodunum était alors à son apogée.

ménagers ! Il faut un minimum de règles collectives pour permettre leur évacuation hors de l'espace public et hors de la ville.

Mais on sait pourtant grâce à l'archéologie que nos ancêtres, depuis l'Antiquité, s'échinaient quand même à évacuer leurs déchets hors de la ville. Pourquoi ? Pour éviter l'encombrement des rues et des places publiques ? Certainement. Pour éviter les odeurs nauséabondes ? C'est possible, mais pas certain, en tout cas pas toujours et pas partout : les villes du Moyen Âge et Paris en particulier étaient particulièrement... odorantes et si cela incommodait le roi, la majorité de la population ne semblait pas particulièrement gênée ! Pour limiter la prolifération des rats et des insectes ? Peut-être, mais rien ne nous l'assure. Pour éviter les épidémies ? Non, il faut en effet attendre le XVIIe siècle pour que quelques médecins de la ville d'Amiens, alors victime de la peste noire, mettent en cause les tas d'ordures ménagères encombrant les rues. Mais personne ne les écoute et ce n'est qu'avec Pasteur au XIXe siècle et sa découverte des micro-organismes que le lien sera fait entre les maladies et ses agents de contamination, et que les déchets commenceront à être impitoyablement chassés de la ville ! Ces déchets trouvent d'ailleurs preneurs hors les murs, comme nous l'avons vu : les agriculteurs de la périphérie de la ville vont les utiliser pour fertiliser leurs terres. L'archéologie nous révèle que, de l'Antiquité à la révolution industrielle, il n'est pas rare que les déchets ménagers soient évacués hors des villes, dans des décharges publiques qui s'appuient parfois, comme à Jéricho, la plus ancienne ville du monde, sur les murailles de la ville elles-mêmes. Contrairement à la gestion des eaux usées qui repose sur des infrastructures dont on retrouve les vestiges, la gestion des déchets urbains laisse peu de traces : quelques décharges que les archéologues ne considèrent comme des objets de recherche pertinents que depuis peu. On n'y retrouve la plupart du temps que des cendres, de l'humus, des os d'animaux calcinés, des tessons de poterie et de verre, des fragments d'ustensiles métalliques... rien de bien prestigieux. Les archéologues modernes y trouvent malgré tout des renseignements précieux sur les modes de vie de l'époque, tout comme le font les rudologues pour les sociétés contemporaines. Par contre, on ne connaît rien des détails de la gestion des déchets des villes antiques. Qui collectait les déchets ? Comment ? Les triait-on pour mieux les valoriser ? Leur gestion était-elle une affaire individuelle ou bien collective, administrée, centralisée ? Si l'étude des textes ne permet pas de répondre, l'archéologie éclaire quelquefois notre lanterne, comme dans le cas de l'antique Augustodunum.

Les traces écrites que nous possédons en France remontent au Moyen Âge : le nettoiement des rues de Paris, par exemple, est sous la responsabilité du prévôt (donc de la police !) depuis le XIIe siècle, et jusqu'au XVIe siècle, c'est toute une série d'ordonnances de police qui somme les Parisiens de pourvoir à l'évacuation de leurs déchets et au maintien de la propreté de leur bout de trottoir… en pure perte, malgré la menace des pires sanctions (mise au pilori et prison !). Ce n'est qu'à la Renaissance, donc, que le pouvoir royal relève ses manches et s'attaque lui-même au fléau en… levant un impôt spécial censé financer l'enlèvement des ordures par des entreprises privées (eh oui, déjà !). Levée de boucliers ! « Comment ? Payer pour qu'on enlève nos ordures ? Et puis quoi encore ? ». Échec total, les rues de Paris resteront encombrées de déchets pour quelque temps encore. L'histoire de la capitale est émaillée, du XVIIe au XIXe siècle, d'essais souvent infructueux des pouvoirs publics pour endiguer sinon régler le problème.

Mais la ville ne produit pas que des ordures ménagères. Depuis l'Antiquité, elle est aussi le siège des activités artisanales et commerciales qui produisent leurs propres déchets, bien spécifiques. Rome, par exemple, est à partir du Ier siècle av. J.-C. une métropole de plus d'un million d'habitants, au cœur de ce qui va bientôt devenir un empire. Elle est le centre d'un dense réseau de routes commerciales, maritimes, fluviales et terrestres. Son port sur le Tibre est un des plus actifs de l'Antiquité et le trafic de marchandises y est très intense. C'est ce qu'on appellerait aujourd'hui un *hub*. On importait en particulier de grandes quantités d'huile d'olive d'Espagne dans les conteneurs « normalisés » de l'époque, les amphores. On transvasait alors l'huile dans des conteneurs plus petits pour la vente au détail en ville. Les amphores n'étaient plus alors que des emballages perdus et cassés que l'on va entasser jusqu'au IIIe siècle après J.-C. à proximité du port, jusqu'à former une colline de tessons que l'on peut encore voir aujourd'hui. On l'appelle Monte Testaccio, le « mont des Tessons », 30 m de haut sur environ 2 hectares, environ 600 000 m^3 de déchets. On estime qu'elle renferme les débris de plus de 25 millions d'amphores et qu'elle était probablement une des plus grandes décharges de l'Antiquité. Mais, en comparaison de nos décharges d'ordures ménagères modernes qui représentent des volumes compris entre 100 000 et 3 millions de mètres cubes, remplis en quelques dizaines d'années seulement,

Le Monte Testaccio photographié dans les années 1950. La « huitième colline de Rome » n'est rien d'autre qu'une décharge vieille de 2 000 ans.

La chimie des mauvaises odeurs

Les notions de « bonnes » et « mauvaises » odeurs sont très relatives. La recherche scientifique a montré que les réactions aux odeurs, chez l'homme, sont en partie innées et en partie acquises. Ainsi, il est fort possible que le dégoût éprouvé pour les odeurs émises par les déchets en décomposition, et synonymes à notre époque de microbes et de risques sanitaires, soit en fait le résultat de la culture hygiéniste du XIXe siècle.

Comment ça marche ? La décomposition de la fraction organique des déchets, opérée par des micro-organismes fermentatifs, produit des molécules volatiles, très légères, qui sont transportées par l'air jusqu'à notre nez où elles vont rencontrer des récepteurs olfactifs. Un signal olfactif est envoyé à notre cerveau qui va l'interpréter et provoquer une réaction d'attraction, de répulsion ou de neutralité. Ces réactions aux odeurs sont d'abord innées chez le nouveau-né, puis transformées par l'association des odeurs à des souvenirs et à des notions acquises culturellement. Par exemple, les arômes et parfums des boissons alcoolisées issues d'une fermentation (le vin, la bière) ne sont jamais spontanément attirants pour les enfants. Leur appréciation résulte d'un apprentissage à l'âge adulte.

On connaît quelques molécules produites par la décomposition des déchets organiques et les odeurs qui y sont associées :

- l'hydrogène sulfuré, H_2S (œuf pourri) ;
- le diméthylsulfure, $2(CH_3)$-S (légumes en décomposition) ;
- le diméthylamine, $2(CH_3)$-NH (poisson avarié) ;
- l'acide butyrique (du latin *butyrum*, « beurre »), C_3H_7-COOH (le beurre rance) ;
- le scatole, C_9H_6-NH (comme son nom le laisse à penser, l'odeur des excréments) ;
- et... la cadavérine, NH_2-$(CH_2)_5$-NH_2 (comme son nom l'indique également, la viande en décomposition !).

Présentées comme ça, rien ne rend ces molécules particulièrement attirantes ! Et pourtant, les acides gras volatils comme l'acide butyrique, que l'on retrouve en grande quantité dans les gaz de décomposition des déchets organiques, composent également... la palette d'arômes des fromages, très appréciée des Français et totalement répulsive pour le nez de la plupart des Asiatiques qui, quant à eux, pourront être plutôt séduits par le fumet d'une sauce de poisson fermentée, très riche en diméthylamine.

Les mines du roi Salomon, la plus ancienne friche industrielle du monde

Les légendaires mines du roi Salomon, réputées regorger d'or et de diamants, étaient probablement en fait les mines de cuivre de la vallée de Faynan au sud de la mer Morte. Exploitées depuis le IXe millénaire av. J.-C., elles ont alimenté en cuivre les prestigieuses civilisations de l'âge du bronze méditerranéen : l'Empire hittite (1700-1200 av. J.-C.), la civilisation mycénienne (1650-1100 av. J.-C.) et le Nouvel Empire égyptien (1500-1000 av. J.-C.). Puis elles ont connu une période d'exploitation extrêmement intensive à l'âge du fer (850-500 av. J.-C.) et à l'époque romano-byzantine (500 av. J.-C. - 500 ap. J.-C.).

Les montagnes bordant la vallée de Faynan, très riche en minerai de cuivre... et en scories métalliques toxiques.

Il s'agissait alors, au maximum de son activité, d'un vaste complexe industriel d'environ 12 km^2 comprenant environ 250 mines, des dizaines d'ateliers de traitement mécanique et thermique du minerai et des dizaines de fonderies. L'ensemble du site est recouvert de plus de 200 000 tonnes de scories, résultant de la production de plus de 20 000 tonnes de cuivre. L'exploitation du champ cuprifère de Faynan a laissé des traces indélébiles dans son environnement : comme les métaux ne se dégradent que très lentement, les quantités de ces polluants présents dans l'écosystème de la vallée ont très peu évolué depuis l'arrêt de l'exploitation du site au Haut Moyen Âge. Dans les sols, les concentrations en cuivre et en plomb sont de nos jours encore supérieures à celles mesurées dans les sols des plus grand centres de fonderie industrielle du XIXe siècle, comme par exemple à Swansea au pays de Galles. Et il est aussi dangereux de consommer les produits de la région de Faynan que ceux du voisinage d'un centre métallurgique de la révolution industrielle.

Les archéologues ont pu démontrer que, alors que l'activité de l'âge du bronze n'a eu un impact que sur l'environnement proche du complexe de Faynan, l'exploitation beaucoup plus intense de l'âge du fer et de l'antiquité romano-byzantine a eu un impact géochimique sur l'atmosphère à l'échelle du globe, c'est-à-dire que les polluants métalliques de Faynan ont été disséminés par voie atmosphérique sur des centaines voire des milliers de kilomètres. Et l'on sait qu'à cette époque de nombreux autres sites comparables à Faynan étaient apparus dans plusieurs régions de la planète. La preuve ? Les carottes de glace extraites au Groenland et dont les analyses montrent que les concentrations en cuivre et en métaux lourds ont commencé à augmenter et à dépasser les niveaux naturels dans toute l'atmosphère de l'hémisphère nord à partir de 500 av. J.-C. En cause ? L'intense activité métallurgique des civilisations méditerranéennes et des anciens empires : l'Empire romain, l'Empire perse et « l'Empire du Milieu », la Chine.

celle que l'on appelle aussi « la huitième colline de Rome » n'est finalement pas aussi gigantesque qu'elle devait le paraître sous le Haut Empire.

De façon aussi paradoxale que cela puisse sembler, les Gaulois quant à eux géraient leurs déchets d'emballage avec une plus grande intelligence rudologique : grands amateurs de vins méditerranéens, ils en importaient des quantités considérables aux IIᵉ et Iᵉʳ siècle av. J.-C. Bien entendu, c'était les Romains qui le leur livraient, et bien entendu dans des amphores. Mais il faut croire qu'en Gaule rien ne se perdait car les archéologues retrouvent dans les villes de cette époque, que l'on appelle les *oppida*, les tessons de ces milliers d'amphores un peu partout : dans les structures des chaussées, les fondations, les murs des maisons et des bâtiments publics. C'est un des premiers exemples de recyclage des déchets en matériaux de construction urbaine.

Les déchets artisanaux et proto-industriels : premières pollutions

Parce qu'ils sont très souvent situés en ville, les ateliers d'artisans de la période comprise entre la révolution néolithique et la révolution industrielle produisent des déchets que l'on a souvent du mal à discerner des ordures ménagères avec lesquelles ils se trouvent mélangés, dans les vestiges archéologiques aussi bien que dans les écrits historiques. Dans les quartiers artisanaux de la plupart des villes, on trouve pêle-mêle abattoirs, boucheries, poissonneries, tanneries, fonderies de suif, forges, ateliers de tisserands, teintureries, menuiseries, etc. La plupart de ces activités réclament beaucoup d'eau et les ateliers sont souvent concentrés le long des fleuves et des rivières qui traversent les villes. Les déchets y sont directement évacués. Quand cela ne peut pas se faire, on les « élimine » dans la rue, parfois pourvue d'un caniveau. Les chaussées sont alors souvent recouvertes de sang, de graisse, de suie, de scories, de sciure, de liquides de fermentation, d'extraits minéraux et végétaux toxiques, de chaux et de salpêtre, les rues sont encombrées de gravats de démolition, de vieux chiffons, paniers et autres cageots mêlés aux ordures ménagères et aux déjections animales et humaines. Sans parler des fumées crachées par les multiples fours.

On ne retrouve des traces clairement identifiables des déchets de l'artisanat que dans des sites spécifiquement dédiés à une activité, souvent à une échelle proto-industrielle. Et dans ces cas-là, force est de constater l'impact que ces implantations ont pu avoir sur l'environnement et la santé humaine.

On en trouve de nombreux exemples de par le monde : les complexes métallurgiques du bassin méditerranéen et du Moyen-Orient actifs depuis l'âge du

L'or blanc de la Gaule… Qu'elle était verte ma vallée !

Dans la vallée de la Seille, en Lorraine, à partir du VIIIe siècle av. J.-C., pendant toute l'époque gauloise puis gallo-romaine et jusqu'au Moyen Âge, on a exploité des sources d'eau salée à des concentrations trois fois plus élevées que l'eau de la Méditerranée. Cette saumure naturelle était chauffée dans des récipients de terre cuite que l'on plaçait dans des fours. L'eau s'évaporait et on récupérait les pains de sel en cassant la terre cuite. On appelle encore aujourd'hui cette technique le « briquetage ». Le sel, à cette époque indispensable à la conservation de la viande, était une ressource précieuse, un « or blanc » qui s'exportait jusqu'à Rome.

Sur la dizaine de kilomètres de vallée concernée par l'exploitation saline de l'Antiquité, on comptait plusieurs centaines de centres de cuisson du sel, chacun constitué par plusieurs rangées de fourneaux pouvant atteindre plusieurs centaines de mètres de long. Comme à Faynan, on peut parler d'un véritable complexe industriel, probablement un des plus importants d'Europe à l'époque. La quantité de déchets, les tessons de terre cuite du briquetage, était si gigantesque qu'on en a édifié de véritables îlots, hauts de près de 10 m, sur lesquels ont été construits les premiers villages et où se situent encore aujourd'hui les agglomérations de Marsal, Vic-sur-Seille, Moyenvic, Burthécourt et Salonnes. On estime que plus de 4 millions de mètres cubes de tessons ont été accumulés pendant toute la période protohistorique et antique, soit sept fois plus que les tessons d'amphores du Monte Testaccio à Rome.

L'accumulation des déchets de terre cuite a comblé une partie de la vallée et considérablement ralenti le cours de la rivière, ce qui a transformé le cours d'eau en une série de lacs et de marécages de fond de vallée. Jusqu'au XIXe siècle et à l'assèchement des marais, les habitants souffriront des nombreuses affections liées à la vie palustre. Pour alimenter les fours, on a presqu'entièrement déboisé la région, les études palynologiques le démontrent. Les prospections géophysiques ont également montré que les caractéristiques physiques du sol ont été modifiées jusqu'à 40 m de profondeur, probablement à cause de l'infiltration du sel. L'industrialisation de la vallée et l'accumulation des déchets industriels avaient donc très profondément et très durablement modifié son visage, il y a de cela plus de 2 000 ans !

bronze vers 1500 av. J.-C. jusqu'à la chute de l'Empire romain ; les salines de Gaule ; les grands ateliers de céramique et les verreries, les ateliers de tissage et les grandes forges qui apparaissent depuis l'Antiquité et qui se généraliseront au XVIIIe siècle, annonçant les manufactures et la révolution industrielle du XIXe siècle.

Le vent des révolutions

Cascade de ruptures, avalanche de déchets

Nous voici donc parvenus au seuil de l'époque actuelle, à une période charnière qui va voir émerger le monde tel que nous le connaissons aujourd'hui : une civilisation hyper-consommatrice de ressources et hyper-productrice de déchets qui se globalise. On a coutume de nommer « révolution industrielle » cette période charnière, débutant dès la fin du XVIIIe siècle en Angleterre, occupant tout le XIXe siècle, une grande partie du XXe et... qui n'est peut-être pas encore terminée. Certains économistes estiment en effet que la révolution informatique de ce début de XXIe siècle est un soubresaut de la révolution industrielle, d'autres que l'industrialisation des pays en développement est toujours en cours. Souvenons-nous simplement que la néolithisation fut un processus qui se déroula sur environ 3 000 ans. Trois siècles pour que la révolution industrielle opère, c'est tout de même dix fois plus rapide... et ce n'est peut-être pas tout à fait terminé !

Les ruptures technologiques, sociétales et environnementales des XIXe et XXe siècles sont brutales et globales, c'est ce qui différencie la révolution industrielle de la grande révolution précédente, la néolithisation, plus lente à se mettre en place. Cependant, si la rupture de l'industrialisation a été brutale, on se rend compte *a posteriori* qu'elle a été longuement préparée par des changements plus locaux et moins soudains : l'émergence des villes entre – 3500 et – 1500, la maîtrise de la métallurgie entre – 2500 et – 700, la protoindustrie entre – 500 et le XVIIIe siècle, les grandes explorations, surtout à partir du XVe siècle, et les découvertes scientifiques à partir du XVIe siècle.

Des déchets révolutionnaires !

Avec la révolution industrielle apparaît un cortège de déchets tous plus nouveaux les uns que les autres, et bien entendu en quantités... industrielles ! Ils sont issus de l'extraction et de la transformation massives de matières premières en énergie et matériaux nouveaux.

Il s'agit tout d'abord du charbon, le combustible roi de la révolution industrielle de la fin du XVIIIe siècle et de tout le XIXe siècle. Sans lui rien n'aurait été possible, à commencer par les machines à vapeur équipant l'industrie, les trains et les bateaux. À l'époque, l'extraction d'une tonne de charbon produit en moyenne 7 tonnes de déchets miniers, les « stériles », la roche concassée

La révolution industrielle, qu'est-ce que c'est ?

La révolution industrielle est définie essentiellement par le passage rapide, en quelques années ou dizaines d'années, d'une société à dominante agraire et artisanale à une société industrielle et commerciale. Une société industrielle, c'est une société dominée économiquement par la production de biens en série, ce qui nécessite la transformation massive de matières premières grâce à la consommation de grandes quantités d'énergie. Cette métamorphose a été opérée pour la première fois en Angleterre à la fin du XVIIIe siècle, grâce à une conjonction de conditions, des catalyseurs provoquant une véritable réaction chimique : l'évolution de l'économie qui permet les prémices de ce qu'on appellera plus tard le capitalisme, les avancées scientifiques et technologiques ayant conduit à la machine à vapeur, l'existence de manufactures proto-industrielles, surtout textiles, et la présence de grandes quantités de charbon facilement exploitables à proximité. La réaction en chaîne va atteindre rapidement, au début du XIXe siècle, tout le reste de l'Europe occidentale grâce au chemin de fer, ainsi que les États-Unis puis plus tard la Russie et le Japon. Elle sera relayée au milieu du XIXe siècle par l'arrivée de l'électricité, puis par l'utilisation industrielle du pétrole.

La révolution industrielle est marquée par l'explosion de la consommation des ressources naturelles. Cette hyperconsommation de ressources s'accompagne bien entendu de la croissance exponentielle de la production de biens, meubles et immeubles, et de la production de déchets. On est passé, à l'échelle planétaire, de quelques centaines de millions de tonnes de déchets solides produits chaque année à l'aube du XIXe siècle à un milliard de tonnes en 1900 et à 15 milliards de tonnes aujourd'hui. En cause, l'explosion démographique, elle-même un produit de la révolution industrielle, aussi bien que la capacité désormais offerte à l'humanité d'exploiter de façon extrêmement intensive (on parle même, à juste titre, de surexploitation) les ressources naturelles et de transformer une grande partie de cette matière en déchets.

Depuis la révolution industrielle, l'exploitation des ressources naturelles n'a fait que croître exponentiellement, tout comme la production des déchets qui en est le résultat direct. Ici, l'exploitation des sables bitumineux de Fort McMurray au Canada.

dont on a extrait la houille et que l'on accumule pour former les fameux terrils qui émaillent le paysage des régions minières. Dans la région Nord – Pas-de-Calais, par exemple, on recense plus de 300 terrils parmi lesquels les deux plus hauts d'Europe qui avec 182 et 184 m de haut dépassent le plus haut sommet naturel de Flandre. Les problèmes environnementaux posés encore aujourd'hui par ces terrils sont nombreux : risques de combustion interne et d'explosion, de glissements de terrain, de contamination par des produits toxiques formés à l'intérieur et, pour couronner le tout, production de gaz à effet de serre en cas de combustion interne.

Si c'est bien grâce aux avancées de la mécanique et de la thermodynamique que la révolution industrielle est née, dans le bruit et la fureur des machines à vapeur, c'est la chimie, apparue comme science au XVIIIe siècle grâce aux travaux de Lavoisier, qui va rapidement prendre le relais. Ainsi, dès le début du XIXe siècle, le charbon sert non seulement de combustible, mais aussi à fabriquer le « gaz de houille » grâce à un procédé de pyrolyse à 1 200 °C. C'est ce gaz, en fait un mélange constitué majoritairement de dihydrogène (H_2), qui va assurer l'éclairage public et domestique des villes pendant tout le XIXe siècle.

Les deux terrils de Loos-en-Gohelle, les plus hauts d'Europe, témoins de plus d'un siècle d'exploitation du charbon et de production de déchets, les « stériles ».

William Murdoch invente l'usine à gaz… et inaugure le recyclage des déchets industriels

Depuis la fin du XVIIIe siècle, on transformait la houille, le charbon extrait des mines d'Angleterre et de France, en coke par un procédé que l'on nommait distillation, afin d'améliorer le pouvoir calorifique du combustible. Ce procédé industriel produisait des déchets, du gaz et du goudron. Si dès le début on utilisa le goudron pour calfater les bateaux, le gaz était rejeté dans l'atmosphère.

Cependant, un peu avant 1800, un ingénieur écossais du nom de William Murdoch (1754-1839), fervent lecteur des travaux du chimiste français Antoine Lavoisier (1743-1794), trouve le moyen d'utiliser le gaz de houille pour l'éclairage, en remplacement du suif et de l'huile de baleine. Il met au point des techniques de production, de stockage, d'épuration et de distribution, la base de ce qui plus tard constituera les « usines à gaz », au sens propre du terme. Il dépose des brevets et son invention est soutenue par James Watt et Matthew Boulton, les principaux acteurs de l'essor de la machine à vapeur. Le développement industriel du gaz d'éclairage va entraîner dans son sillage le développement de méthodes annexes, comme en particulier le traitement des déchets d'épuration du gaz, ou la transformation des goudrons, un autre déchet de la pyrolyse de la houille. Ces efforts technologiques vont être à l'origine d'une nouvelle branche de la chimie industrielle, la carbochimie, la chimie des produits dérivés du charbon. Les produits de la carbochimie vont peu à peu remplacer, à partir des années 1850, une grande partie des matières d'origine animale et végétale pour de nombreuses applications comme les engrais, les colorants pour l'industrie textile, les sels pour le tannage industriel du cuir, etc.

Le gaz d'éclairage sera remplacé par l'électricité à la fin du XIXe siècle, mais les connaissances acquises en carbochimie ne seront pas perdues, puisqu'elles serviront de base à la pétrochimie, la chimie des produits dérivés du pétrole, au XXe siècle. Comme le dit la maxime attribuée à Lavoisier, « rien ne se perd, rien ne se crée, tout se transforme »… surtout en matière de connaissances scientifiques !

Mais pour pouvoir l'utiliser, on doit purifier le gaz manufacturé, c'est-à-dire le débarrasser des composants inutiles voire nuisibles à la fonction d'éclairage. Cette purification produit bien sûr des déchets, des composés chimiques tels que l'ammoniaque. Sous la pression des premiers hygiénistes qui commencent à se soucier des effets négatifs de la pollution industrielle sur la santé, on demande aux ingénieurs de traiter ces effluents toxiques. On fait appel à la chimie. On fait de nombreux essais, puis on parvient à transformer l'ammoniaque en sulfate d'ammonium, en utilisant du vitriol, que les chimistes modernes nomment acide sulfurique, et que l'on obtient en transformant le sulfure d'hydrogène qui est lui aussi produit par l'épuration du gaz d'éclairage. Que faire alors du sulfate d'ammonium ? Le premier engrais industriel de l'histoire. Un produit industriel, issu de ce qui était à l'origine un déchet polluant, va remplacer de la matière organique. C'est une révolution. Le remplacement de la matière organique d'origine animale et végétale va s'accroître au cours du XIXe siècle grâce aux progrès de la chimie des produits dérivés du charbon. Mais cette révolution a un prix : l'industrie carbochimique génère des déchets, des sous-produits souvent toxiques, difficilement dégradables dans l'environnement, et qui inaugurent l'âge des déchets industriels dangereux.

Il est impossible de citer toutes les matières nouvelles produites par la révolution industrielle. Après les produits dérivés du charbon, c'est au tour du béton d'être produit en quantités industrielles. À partir du milieu du XIXe siècle, les constructions en béton se multiplient et vont peu à peu se généraliser. Le béton va devenir, au XXe siècle, la matière transformée la plus produite dans le monde et ses déchets de démolition vont s'entasser un peu partout, remblayant des carrières, créant des digues ou des îles artificielles.

Et puis, à la fin du XIXe siècle, encore une révolution : celle du pétrole, que l'on commence à exploiter aux États-Unis à partir de 1885, d'abord pour remplacer le gaz d'éclairage, puis pour fabriquer du carburant pour les automobiles que l'on commence à commercialiser massivement vers 1905. Le raffinage du pétrole, qui a pour objectif de fournir du carburant, produit également un grand nombre de sous-produits, que l'on nomme « coupes » pétrolières. Il faut trouver des débouchés pour ces « déchets » que l'on produit en quantités gigantesques. La pétrochimie va naître, donnant naissance à un cortège de matières nouvelles, remplaçant les produits naturels ou les anciens produits de la carbochimie, ou bien créant de nouvelles applications jusqu'alors insoupçonnées : solvants, détergents, lubrifiants, engrais, désherbants, pesticides... mais aussi médicaments et cosmétiques, sans oublier la gigantesque famille des polymères synthétiques, que l'on appelle couramment « matières plastiques » ou tout simplement « plastiques ». Pendant tout le

Les déchets dangereux ne sont pas que des déchets industriels. Les ménages en produisent aussi chaque jour, comme par exemple les piles et les batteries.

Les déchets dangereux, qu'est-ce que c'est ?

Tous les déchets produits par les industries ne sont pas considérés comme dangereux. Ceux qui présentent un danger pour l'homme ou l'environnement sont appelés déchets industriels spéciaux par la législation française. Ils peuvent être explosifs, inflammables, irritants, corrosifs, infectieux, toxiques, mutagènes ou cancérogènes.
Ce sont par exemple des solvants, des peintures, des huiles, des bains d'électrolyse, des eaux de lavage contaminées, des déchets d'amiante, etc. La plupart de ces matières sont apparues avec l'essor de la chimie industrielle. On estime que plus de 500 millions de tonnes de déchets dangereux sont produits aujourd'hui annuellement dans le monde, dont près de la moitié aux États-Unis.

On génère aussi chez soi des déchets dangereux du même type : les peintures, les solvants, les batteries, les ampoules basse consommation, les tubes néon, etc. Même nos appareils électroménagers et nos ordinateurs regorgent de produits dangereux comme les métaux lourds, l'arsenic et des agents ignifuges connus pour être des perturbateurs endocriniens. C'est pour cela que ces produits ne doivent pas être jetés à la poubelle et font l'objet d'une collecte spécifique.
Les déchets médicaux, et en particulier les déchets des hôpitaux contiennent environ 20 % de déchets dangereux : des compresses usagées, des aiguilles, des bistouris, des médicaments périmés, des antiseptiques, des réactifs de laboratoire, des métaux lourds, mais aussi des matières organiques, du sang, de l'urine, des pièces anatomiques...
La destination de tous ces déchets ? Ils sont parfois recyclés, souvent stockés ou incinérés. En France, la loi impose des règles très strictes à leur stockage, dans des installations techniques surveillées et où les risques de fuite sont minimisés. On parle encore de décharges au sujet de ces installations, mais elles n'ont plus rien à voir avec les crassiers du XIXe siècle. L'incinération, recommandée par l'OMS pour les déchets médicaux, est elle aussi très réglementée dans les pays développés, en particulier en termes de traitement des fumées et des gaz avant rejet atmosphérique. Quant au recyclage, même si tout le monde reconnaît qu'il est indispensable, tant pour économiser les ressources que pour réduire les atteintes à l'environnement, il est encore peu développé pour les déchets dangereux.

XXe siècle, le pétrole va révolutionner les habitudes de consommation de l'énergie et le plastique celles de la matière.

La « Belle Époque » est aussi marquée par une révolution ultime de la matière : la découverte de la radioactivité par Henri Becquerel en 1896. On touche alors à l'intimité de la matière, puisque ce phénomène physique d'émission de rayonnements accompagne la transformation des noyaux atomiques. D'abord une curiosité scientifique s'attachant à l'observation de la dégradation d'atomes naturellement instables, la radioactivité naturelle connaît rapidement les applications les plus diverses et qui nous semblent pour

Un trésor dans les chantiers

On estime qu'aujourd'hui en Europe, aux États-Unis et au Japon, on produit à peu près 1 milliard de tonnes de déchets du bâtiment et des travaux publics chaque année, déchets liés surtout à la démolition mais aussi en partie aux travaux de construction. Et on a beaucoup de mal à connaître ces chiffres pour les autres pays, comme la Chine et l'Inde qui consomment la moitié du béton mondial... nul doute que leurs déchets de construction et de démolition sont ou seront considérables dans les décennies à venir.

On trouve un peu de tout dans les déchets de démolition : des matières inertes comme le béton, les briques, les tuiles, des déchets non dangereux, assimilables aux ordures ménagères, comme les câbles, les tuyaux, le carton, certains métaux, les revêtements plastiques, et même des déchets industriels spéciaux contenant des produits dangereux, comme l'amiante bien sûr, mais aussi les bois traités aux pesticides, les peintures.

Que fait-on de ces déchets ? Dans la plupart des pays industrialisés, ils sont triés et traités selon leur composition. Une partie se retrouve dans des décharges spécifiques. Le béton peut être transformé en granulats que l'on réutilise dans les remblais et les infrastructures routières. L'Europe est plutôt un bon élève du recyclage du béton, avec des pays moteurs comme la Suisse (95 % de recyclage), l'Allemagne (80 %) ou la France (63 %). L'amiante est soit vitrifié, soit enfoui en installation de stockage spécialisée.

Un complexe pétrochimique à la nuit tombante, quelque part en Europe... Chaque année, 5 milliards de tonnes de pétrole sont engloutis de par le monde par cette industrie. Une grande partie des produits issus du pétrole est consommée dans des délais très brefs, sous forme de carburants bien sûr, mais aussi de matières plastiques jetables... transformées presque instantanément en déchets.

certaines invraisemblables aujourd'hui ! Le radium, par exemple, découvert par Marie Curie en 1898, va non seulement être utilisé en radiothérapie pour combattre les maladies de peau puis le cancer, mais va également connaître un engouement très populaire sous la forme de produits de consommation courante, depuis les montres et les réveils à aiguilles luminescentes jusqu'à des crèmes de beauté, du dentifrice et… du talc pour bébés ! On va s'apercevoir, dans les années 1930 que les radiations présentent de graves dangers, tant aigus que chroniques, pour la santé, et interdire l'utilisation « grand public » des matières radioactives. C'est également dans les années 1930 qu'Irène et Pierre Joliot-Curie découvrent la radioactivité artificielle, obtenue en bombardant des atomes stables avec des particules comme les neutrons ou les protons. Commence alors une intense course scientifique et technologique pour maîtriser et utiliser cette nouvelle et titanesque source d'énergie, course qui va aboutir aux deux principales applications actuelles, le nucléaire militaire et le nucléaire civil, ainsi qu'à la production d'un nouveau type de déchets : les déchets radioactifs appelés aussi déchets nucléaires.

Les déchets de l'ère nucléaire

En France, on ne considère comme déchet radioactif que les matières radioactives ne pouvant pas être réutilisées avec les techniques actuelles. C'est donc en réalité des déchets radioactifs ultimes. Ils sont classés en fonction de :

• leur demi-vie ou période radioactive, c'est-à-dire le temps nécessaire pour que l'élément radioactif concerné perde la moitié de son activité. Les périodes radioactives sont très variables d'un élément à l'autre ; citons par exemple quelques radioéléments produits classiquement dans un réacteur nucléaire civil : la période radioactive du tritium est d'un peu plus de 12 ans, tandis que celle du plutonium 239 est de plus de 20 000 ans et celle du neptunium 237 d'un peu plus de... 2 millions d'années. La législation française pour la gestion des déchets radioactifs considère deux classes de déchets selon leur demi-vie : les déchets à vie courte (VC) dont la période est inférieure ou égale à 30 ans et les déchets à vie longue (VL) de période supérieure à 30 ans ;

Les déchets radioactifs sont conditionnés dans des conteneurs spéciaux sur les lieux mêmes de leur production.

• leur activité, qui caractérise en quelque sorte leur dangerosité. L'activité se mesure en becquerels (Bq) – du nom d'Henri Becquerel, découvreur de la radioactivité en 1896 –, c'est-à-dire en nombre de désintégrations par seconde. En France, il existe ainsi quatre classes de déchets selon leur radioactivité : les déchets de très faible activité (TFA) dont l'activité est inférieure à 100 Bq par gramme de matière, les déchets de faible activité (FA) entre 100 et 10 000 Bq/g, les déchets de moyenne activité (MA) entre 10 000 et un million de Bq/g et les déchets de haute activité (HA) dont l'activité est supérieure à un million de Bq/g.

Les déchets radioactifs sont stockés ou entreposés, selon leur catégorie :

• les déchets de très faible activité, ou TFA, sont les moins dangereux et les plus « banals ». C'est essentiellement des ferrailles et des gravats issus du démantèlement des anciennes installations nucléaires civiles, ainsi que des déchets de quelques industries chimiques ou métallurgiques dont les procédés de fabrication concentrent la radioactivité naturelle présente dans certains minerais. En France, on en produit environ 25 000 tonnes chaque année, stockées dans une installation analogue à celles dédiées aux déchets industriels spéciaux, dans un site argileux à Morvilliers dans l'Aube ;

• les déchets de faible et moyenne activité à vie courte (FMA-VC) sont les plus hétérogènes. C'est surtout des matériels (outils, gants, combinaisons, papiers, flacons, seringues, etc.) contaminés lors de leur utilisation en centrale nucléaire, centre de recherche, hôpital ou centre de radiologie. On en produit 13 000 m^3 par an en France. Ils sont conditionnés dans des futs métalliques ou des conteneurs en béton avant d'être stockés dans des installations extrêmement spécialisées, conçues pour confiner les déchets pendant plusieurs centaines d'années. Il existe deux installations de ce type en France, la plus ancienne à la Hague dans la Manche, renfermant 500 000 m^3 de déchets et fermée depuis 1994, et la plus récente à Soulaines-Dhuys dans l'Aube, toujours en exploitation et prévue pour accueillir un million de mètres cubes de déchets, ce qui en fait le site de stockage de surface le plus grand du monde ;

- les déchets de haute activité (HA) et de moyenne activité à vie longue (MA-VL) sont, de par leur haut niveau de radioactivité et leur période pouvant dépasser les dizaines de milliers d'années, ceux qui posent les problèmes de gestion les plus épineux. Ils sont issus du cœur des réacteurs et constitués majoritairement de combustible usé. Ils sont produits à un peu plus de 5 000 tonnes par an y compris les matériaux d'inertage en béton, en métal ou en verre. Alors qu'ils ne représentent que 5 % du volume des déchets radioactifs produits, les HA et MA-VL sont responsables de 99,9 % de la radioactivité des déchets nucléaires en France ! Ils sont actuellement entreposés sur les sites de production en attente de procédés de traitement et de recyclage. On sait déjà que ces procédés produiront à leur tour des déchets car la totalité de la matière ne pourra pas être recyclée. C'est pour ces futurs déchets ultimes que l'on prévoit la création d'un centre de stockage géologique profond, actuellement à l'étude par l'Agence nationale pour la gestion des déchets radioactifs (Andra) à la limite de la Meuse et de la Haute-Marne.

L'industrie du traitement des déchets, histoire d'une naissance

L'avancée des sciences et des techniques au XIXe siècle ne conduisit pas qu'à l'apparition de nouvelles matières, mais permit également le traitement de déchets produits par l'essor industriel ou bien jusqu'alors tout simplement inutilisés, comme les urines, les boues urbaines ou les déchets ménagers. On inventa de nouveaux procédés de traitement industriel des déchets : le tri, le broyage, l'incinération, le compostage, la méthanisation, toujours d'actualité aujourd'hui. Ainsi, dès le début du XXe siècle, toutes les techniques actuellement utilisées étaient déjà en place. Il ne restait « plus qu'à » généraliser et réglementer leur pratique.

Le recyclage

L'industrie du XIXe siècle est très gourmande de matières. Ce qu'on sait peu, en général, c'est qu'elle s'alimente largement auprès des chiffonniers des grandes villes, ces parias qui écument littéralement les rues et se servent des ordures comme d'une mine d'or. Si l'activité des chiffonniers remonte au Moyen Âge, la révolution industrielle va la transformer en entreprise à grande échelle. À la fin des années 1870, la France comptera près de 100 000 chiffonniers dont probablement 15 000 rien qu'à Paris. Aussi étonnant que cela puisse paraître aujourd'hui, de nombreux matériaux sont alors récupérés par les chiffonniers, revendus à des intermédiaires et recyclés par les industriels : les textiles d'abord qui donnent leur nom de « chiffon » à la corporation des récupérateurs de la rue et qui vont être utilisés dans leur grande majorité par l'industrie du papier, les éclats de verre qui sont fondus et redeviennent de nouvelles bouteilles ou de nouvelles vitres, les vieux papiers et cartons recyclés en papier mâché, le cuivre, l'étain, le plomb et même le métal précieux des dorures de la vaisselle, les os qui deviennent de la gélatine et de la colle… et jusqu'aux bretelles et jarretières, très portées à l'époque et que l'on réincorpore après broyage à du caoutchouc neuf !

Le papier et le carton font partie des matériaux se recyclant le plus facilement.

Régénérer la matière

Il s'agit de réintroduire dans le cycle de production les matières qui constituent un déchet. Les procédés de transformation des composants d'un déchet en « matière première secondaire », et donc en ressource, sont très variés et spécifiques à chaque matériau, et il est impossible de les décrire ici en détail. Par exemple, le recyclage du verre est assez simple : on fait fondre la matière pour lui faire prendre de nouvelles formes. Même traitement pour les métaux, triés, broyés puis fondus. Les difficultés techniques apparaissent quand il faut séparer différents matériaux associés au sein d'un même déchet, ou quand on a affaire à une matière au comportement physico-chimique délicat. Le cas des piles est édifiant : selon la nature de la pile, on va faire appel à des procédés variés, des technologies de pointe comme la pyrométallurgie pour vaporiser certains composants à haute température, l'hydrométallurgie pour séparer physiquement les métaux, l'électrolyse, la distillation... toute une batterie (c'est le cas de le dire !) de techniques visant à séparer ce qui a été intimement lié lors du procédé de fabrication du produit, avant qu'il devienne déchet. Les trésors d'énergie et de connaissances mis en œuvre sont au moins aussi grands que ceux qui ont permis l'élaboration de l'objet premier.
C'est pour faciliter la « recyclabilité » des produits que l'on inclut de plus en plus au stade de leur conception, de leur « écoconception », la nécessité de faciliter le recyclage futur de leurs composants.

L'organisation de la collecte sélective

À partir des années 1870, sous la contrainte du mouvement hygiéniste qui voit d'un très mauvais œil l'activité des chiffonniers, les autorités publiques des grandes villes des pays industrialisés prennent en main la collecte des déchets urbains en appliquant des méthodes industrielles. À Paris en 1883 et 1884, le préfet Eugène Poubelle signe deux arrêtés imposant l'utilisation de conteneurs spéciaux pour le dépôt des ordures ménagères par les habitants, des boîtes de plusieurs dizaines de litres, équipées d'un couvercle, qui interdiront le dépôt sauvage dans la rue. Les récipients prendront rapidement le nom du préfet dans le langage courant. Les arrêtés d'Eugène Poubelle prévoient de plus le tri des déchets dans trois boîtes distinctes, une pour la matière organique putrescible, une pour les papiers, les cartons et les textiles et la troisième pour le verre, la faïence et les coquilles d'huîtres. Très vite, le concept fait face à plusieurs fronts d'opposition : les chiffonniers dont l'activité est menacée d'extinction par la collecte organisée ; les politiciens qui soupçonnent le préfet de collusion avec les fabricants de boîtes à ordure et avec les industriels du recyclage ; et les usagers qui s'indignent qu'on leur impose le tri de leurs propres déchets et qui se posent chaque jour maintes questions quant à la destination de tel ou tel déchet... les problèmes de la Belle Époque ne sont décidément pas très éloignés des nôtres.

Séparer le bon grain de l'ivraie

Le principe du tri des déchets est de limiter le mélange des matières pour faciliter leur réutilisation ou leur recyclage. Il peut intervenir à la source et est dans ce cas sous la responsabilité du producteur des déchets, qu'il s'agisse d'un ménage ou d'une entreprise artisanale, agricole ou industrielle. Les déchets triés font alors l'objet d'une collecte sélective, à partir de poubelles différenciées par leur couleur. On peut ainsi par exemple séparer à la source les bio-déchets (les déchets biodégradables qui pourront être compostés ou méthanisés) et que l'on dépose en général dans une poubelle de couleur marron ; les plastiques, les métaux et les cartons d'emballage qui pourront être recyclés et qui se retrouvent souvent dans une « poubelle jaune ». Tous les déchets ménagers qui restent de côté après le tri constituent ce qu'on appelle techniquement les ordures ménagères résiduelles ou, plus prosaïquement, « poubelle grise ». À noter, l'expression « tri sélectif » ne devrait plus être utilisée car il s'agit d'un pléonasme : l'acte de trier implique par définition une sélection des matières.

Une fois triés, les déchets plastique tels que les bouteilles vont être broyés. Sous forme de paillettes ou de granulés, ils vont alors pouvoir être à nouveau transformés en produits finis.

Un certain nombre de déchets des ménages doit par ailleurs faire l'objet d'un apport volontaire, comme le verre dans des conteneurs spécialisés, les déchets dangereux (huiles de vidange, peintures, solvants), les piles et batteries, etc., apportés volontairement en déchetterie.

Une fois collectés, les déchets sont transportés dans un centre de tri. Là, ils sont en général triés par des procédés automatiques dans le but d'optimiser les opérations ultérieures de recyclage, mais la plupart du temps ce tri automatique doit être complété par un tri manuel sur tapis roulant.

Le compostage

À la fin du XIXe siècle, certains agronomes contestent l'utilisation désormais généralisée des engrais artificiels produits par l'industrie chimique. Ils se tournent alors vers la production industrielle d'engrais organiques à partir d'ordures ménagères. On baptise cette matière « compost », à partir d'un mot anglais issu lui-même du vieux français « composte », un mélange de feuilles mortes et de fumier utilisé pour fertiliser les terres, un mot qui a la même origine que… « compote » ! Quatre usines de transformation des déchets urbains sont construites dans la région parisienne entre 1896 et 1906 : à Saint-Ouen, Issy-les-Moulineaux, Romainville et Ivry. Les déchets y sont criblés et triés pour isoler la matière organique, ce qu'on appelle alors la « gadoue », qui est broyée et maturée pour devenir du compost. Le compostage industriel des déchets connaîtra des hauts et des bas, tantôt victime des engrais chimiques à bas prix issus de la pétrochimie, tantôt bénéficiant d'un regain d'intérêt pour les matières organiques ou pour des prix plus attractifs que les engrais de synthèse au moment des chocs pétroliers. Au beau milieu du XXe siècle, la régie qui détient le monopole du traitement des déchets parisiens deviendra même le premier producteur mondial de compost, avec 450 000 tonnes produites chaque année.

Compostage de déchets verts sur une plate-forme industrielle. Les engins permettent de broyer les déchets ligneux et de retourner le compost afin de l'aérer. Les différentes couleurs de compost correspondent à différents stades de maturation. Le compost mature est le plus sombre.

La mission des organismes aérobies

Il s'agit d'utiliser le processus biologique de transformation des matières organiques en un produit ressemblant à du terreau, en présence d'air. Les composants de la fraction organique des déchets, d'origine végétale, sont consommés par des micro-organismes aérobies, essentiellement des bactéries et des champignons, qui les convertissent en molécules organiques plus simples et en gaz carbonique. Pendant cette première phase de dégradation, la température s'élève jusqu'à environ 70 °C. On obtient alors ce que l'on appelle un « compost frais » qui doit ensuite être maturé un peu plus longuement pour produire un « compost mûr » dont la composition est proche de celle de l'humus naturel des sols forestiers. La composition finale précise d'un compost de déchets dépend avant tout de la nature des déchets, mais aussi du procédé de compostage utilisé et en particulier de la phase de maturation.

Réalisé empiriquement depuis des millénaires, le compostage peut être mis en œuvre aussi bien à l'échelle d'une famille que d'un collectif résidentiel, d'une exploitation agricole ou d'une industrie. C'est d'ailleurs le seul procédé de traitement des déchets qui possède cette particularité.

Mais on ne doit pas composter n'importe quoi n'importe comment : quelle que soit l'échelle à laquelle le compostage est réalisé, il faut s'abstenir d'y incorporer des matières polluantes non biodégradables en quantités trop importantes. Afin de minimiser la présence de polluants dans les composts commercialisés par les industriels, des normes ont été mises en place en France, fixant la liste des matières autorisées pour la fabrication du compost, les analyses obligatoires et les valeurs maximales admissibles pour certaines substances comme les métaux et les polluants organiques.

Le compostage des ordures ménagères brutes, ou des ordures ménagères résiduelles a fait récemment l'objet de controverses, beaucoup de spécialistes estimant que les techniques mises en œuvre, même les plus récentes comme le « traitement mécano-biologique » (TMB), ne permettent pas d'obtenir un compost de bonne qualité à partir de déchets non triés. En effet, les plastiques et les métaux, une fois mélangés aux déchets organiques dans les ordures brutes ou résiduelles, sont très difficiles à extraire et des quantités non négligeables se retrouvent inexorablement dans le compost. Il est ainsi beaucoup plus logique de faire porter les efforts sur la collecte sélective des bio-déchets et sur le compostage domestique ou de proximité que sur des techniques visant à extraire des matières polluantes que l'on peut néanmoins éviter de mélanger aux déchets organiques.

Le siècle des utopies

L'industrialisation du traitement et de la valorisation des déchets à la fin du XIXe siècle n'est pas que l'œuvre de capitaines d'industrie convaincus des valeurs du capitalisme en plein essor. Dès les années 1840, un des pères fondateurs du socialisme européen et précurseur de l'écologie, Pierre Leroux (1797-1871), élabore une théorie du recyclage des déchets organiques qu'il appelle le Circulus. Un de ses disciples, le Dr Julien Pioger (1852-1903), médecin en chef de l'Institut départemental des sourds-muets d'Asnières, concrétise en 1897 les rêves de ses prédécesseurs utopistes en s'improvisant ingénieur et en créant de toutes pièces une usine de valorisation des ordures ménagères à Saint-Ouen au nord de Paris : il invente un broyeur spécial et une bande transporteuse pour le tri, dépose trois brevets, équipe son usine expérimentale de fourneaux anglais appelés les Destructors et d'une chaudière Babcock & Wilcox, ce qui se fait de mieux à l'époque en matière de machine à vapeur. Ce sont les déchets combustibles, triés, qui seront incinérés dans les fourneaux et transformés en énergie par la chaudière. Cette dernière va servir non seulement à produire de l'électricité pour éclairer l'usine, mais va entraîner les tapis roulants et les broyeurs, chargés de transformer la fraction organique des ordures de deux arrondissements parisiens en engrais pour l'agriculture. Ce compost en poudre est chargé directement derrière l'usine dans des wagons de chemin de fer et expédié aux agriculteurs du nord du Bassin parisien, essentiellement des betteraviers. L'usine du Dr Pioger n'est pas qu'une prouesse technique, c'est aussi un laboratoire social où les chiffonniers, de plus en plus méprisés et rejetés hors de Paris, sont affectés au tri des déchets et au fonctionnement de l'entreprise. Certains gardent un statut indépendant, vivant de la revente des matériaux qu'ils récupèrent, d'autres deviennent des ouvriers salariés de l'usine.

M. le Docteur JULIEN PIOGER.

L'expérience, qui devait au départ ne durer que deux ans, est si réussie que le conseil municipal de Paris décide non seulement de transformer le « laboratoire » de Saint-Ouen en usine définitive, mais aussi de créer la Société des engrais complets qui est chargée de la construction de trois nouvelles usines en banlieue, à Issy-les-Moulineaux, Ivry et Romainville. À partir de 1906, les quatre usines seront uniquement dédiées à l'incinération et seront intégrées en 1922 à la TIRU (Traitement industriel des résidus urbains) nouvellement créée par la Ville de Paris. Les quatre sites sont restés jusqu'à aujourd'hui des plateformes de valorisation des déchets, sauf à Issy-les-Moulineaux où le dernier incinérateur a été détruit en 2010. Les utopies du XIXe siècle ont elles aussi marqué le monde du traitement des déchets et notre paysage urbain.

L'incinération

Si l'idée de brûler les déchets remonte à la plus haute antiquité, l'application industrielle de ce principe simple est précisément datée de 1874 en Angleterre. Les deux premiers incinérateurs industriels de déchets urbains sont construits cette année-là à Paddington, dans le grand Londres, et à Nottingham, dans les Midlands. Là encore, c'est le mouvement hygiéniste qui en est à l'origine, le feu représentant à ses yeux l'élément purificateur par excellence. On utilise également la chaleur que génèrent ces premières usines pour le chauffage urbain

Les déchets à l'épreuve du feu

Le principe de l'incinération est très simple, il consiste juste à brûler les déchets. À l'échelle industrielle, le procédé est mis en œuvre dans les fours des usines d'incinération, ou incinérateurs. Les plus fréquentes sont les usines d'incinération d'ordures ménagères (UIOM). Les fours sont uniquement alimentés par les déchets, sans aucun autre combustible, sauf au moment de la mise en route ou quand la température menace de baisser de façon critique. La température doit en effet être maintenue en permanence entre 850 et 1 000 °C pour minimiser la quantité d'imbrûlés et de gaz toxiques. Un incinérateur comporte en général trois parties :

- un hall et une fosse de réception où les déchets, après tri, sont homogénéisés ;
- un ou plusieurs fours dont la technologie dépend essentiellement du type de déchet incinéré ;
- une chaudière où l'eau est portée à ébullition pour produire de l'électricité grâce à une turbine ou pour alimenter un réseau de chauffage, urbain par exemple.

Mais ce n'est pas tout. Une grande partie du *process* industriel réside dans le traitement des fumées et des gaz qui doivent être débarrassés des produits toxiques avant rejet dans l'atmosphère. De nombreux traitements existent en fonction des résultats escomptés. En France, les normes de rejet imposent l'emploi de technologies combinant l'injection de réactifs chimiques dans la fumée et la filtration. C'est ce que l'on nomme la voie sèche. Les résidus d'épuration des fumées et des gaz sont inertés par vitrification ou enrobage et stockés dans des installations dédiées aux déchets industriels dangereux. Quant aux mâchefers, la matière solide qui reste imbrûlée, ils sont soit recyclés en granulats pour la construction quand ils sont vierges de toute toxicité après maturation, soit stockés eux aussi en installations spécialisées.

Le centre d'incinération d'ordures ménagères d'Ivry-sur-Seine en région parisienne peut traiter jusqu'à 100 tonnes de déchets en une heure. Ici, seul un des deux fours est en fonctionnement comme l'indique la vapeur s'échappant de la cheminée de gauche.

et même pour produire de l'électricité. En 1885, on construit le premier incinérateur américain à Governors Island dans la baie de New York, et il permet lui aussi de générer de l'électricité et de l'eau chaude pour le chauffage urbain. En 1893, on construit le premier incinérateur français à Javel, à l'époque en banlieue parisienne. Mais le concept rencontre l'opposition des agronomes qui parviennent à le faire interdire au profit des quatre usines de broyage-compostage proches de Paris. En 1906, les hygiénistes ont finalement gain de cause et les usines de Saint-Ouen, Issy-les-Moulineaux, Romainville et Ivry sont toutes transformées en usine d'incinération. Entre-temps, le concept de l'incinérateur de déchets, producteur de chaleur et d'électricité, se généralise aux grandes villes d'Europe, comme par exemple à Hambourg en 1896, en réponse à l'épidémie de choléra de 1892. L'émergence de la société de consommation au milieu du XXe siècle provoquant une augmentation considérable de la quantité de déchets produits, de nombreux pays industrialisés se sont tournés vers l'incinération dans les zones fortement urbanisées, là où les sites de décharge sont rares. À la fin du XXe siècle, on a démontré scientifiquement que les premières générations d'incinérateurs émettaient des produits toxiques

Une unité de méthanisation classique dont on peut voir ici le digesteur (la « tour » métallique à l'arrière-plan) et le réservoir de stockage de biogaz, aussi appelé gazomètre (la sphère blanche du premier plan).

La plus naturelle des usines à gaz

La méthanisation est un procédé inspiré de la dégradation de la matière organique en absence d'oxygène, que l'on peut observer dans certains milieux naturels comme les marais. On méthanise la fraction organique des déchets dans ce qu'on nomme des digesteurs, des cuves totalement fermées et étanches, privées d'air, dans lesquelles peut se développer une flore microbienne anaérobie, constituée majoritairement de bactéries fermentatives et d'archées. La matière digérée par les micro-organismes passe par plusieurs phases de dégradation, produisant d'abord des acides (c'est d'ailleurs par la même méthode qu'on fabrique du vinaigre !) et du dioxyde de carbone puis, au fur et à mesure que la digestion se poursuit, de plus en plus de méthane. Le mélange de gaz produit est appelé biogaz et est composé à plus de 50 % de méthane. Le biogaz est une source d'énergie renouvelable, utilisable pour produire de la chaleur, de l'électricité, ou comme carburant pour les moteurs thermiques. La matière solide qui n'est plus dégradable en fin de méthanisation est appelée digestat et est généralement valorisée dans l'agriculture comme fertilisant car très riche en minéraux.

comme les métaux lourds et la dioxine. Ces observations et les oppositions à l'incinération qui ont suivi ont conduit à la mise en place de normes de rejets très strictes.

La méthanisation

Le méthane, le gaz que produit la décomposition de la matière organique en conditions d'anaérobie, a été identifié pour la première fois en 1776 par Alessandro Volta, l'inventeur de la pile électrique. Il faudra attendre le milieu du XIXe siècle pour voir apparaître les premières applications industrielles de la méthanisation, la transformation de matière organique en méthane. En 1897, un premier digesteur est construit par les Anglais en Inde, à Matunga près de Bombay, avec l'objectif de produire du carburant pour des véhicules. Dans les années 1930, en Angleterre et aux États-Unis, on applique la méthanisation au traitement des boues des stations d'épuration des eaux usées. Pendant la seconde guerre mondiale, la méthanisation permet de pallier le manque de carburants. Dans les années 1970, ce sont les chocs pétroliers qui relancent l'intérêt pour la production de méthane à partir de déchets organiques. Aujourd'hui, la méthanisation est utilisée pour valoriser les déchets d'élevage, les déchets agricoles, la fraction organique des ordures ménagères et des déchets industriels assimilés (ce qu'on appelle les bio-déchets), les effluents de l'industrie agroalimentaire et les boues de stations d'épuration. Le biogaz produit peut servir de carburant. Les bus de quelques communautés urbaines, comme celle de Lille, l'utilisent déjà et la RATP s'est fixée comme objectif que 20 % de ses bus rouleraient au biogaz en 2015, le reste à l'électricité.

Le stockage contrôlé

Le principe de la décharge, simple tas de déchets à la périphérie d'un village ou d'une ville, existe depuis la préhistoire. Cependant, le concept moderne d'installation de stockage contrôlé des déchets, véritable ouvrage d'ingénierie, n'existe que depuis le premier quart du XXe siècle. C'est en 1912 qu'est construite la première décharge moderne à Bradford, dans le Yorkshire. En 1927, une installation du même type est construite à Fresno en Californie, puis en 1935 c'est au tour de la France de s'équiper, avec la décharge de Liancourt-Saint-Pierre, dans l'Oise. Ainsi, contrairement à ce que l'on pense généralement, le stockage contrôlé des déchets n'est pas le mode de traitement le plus archaïque, mais au contraire, le plus récent de tous les procédés industriels utilisés de nos jours. En fait, cela ne devrait pas nous étonner : comme nous allons le voir, avec le XXe siècle émerge peu à peu une société de surconsommation, dans laquelle tout, ou presque, est jetable et, contrairement à ce que l'on faisait

La décharge archaïque repensée

Le stockage contrôlé consiste d'abord à vérifier l'origine et la nature des déchets qui vont être stockés, afin d'éviter de mélanger par exemple des déchets non dangereux et des déchets toxiques ou radioactifs. Les installations de stockage modernes sont par ailleurs conçues pour minimiser les échanges de liquide et de gaz entre les déchets et l'environnement.

On ne va pas construire le centre de stockage n'importe où, mais sur un terrain le moins perméable possible, par exemple dans de l'argile. On utilise de plus, depuis les années 1990, des matériaux artificiels appelés géomembranes pour améliorer l'étanchéité des installations. Les casiers de stockage (un casier est une unité d'exploitation, chaque centre de stockage comporte plusieurs casiers) sont ensuite remplis de déchets par couches compactées *in situ* et recouverts régulièrement de terre ou de gravats pour minimiser les odeurs, l'envol des papiers et plastiques légers et la prolifération des animaux amateurs de déchets.
À chaque fois qu'un casier est rempli, on le recouvre d'un multicouche d'étanchéité et de drainage des eaux pluviales afin d'en minimiser l'infiltration dans les déchets.
On récupère le biogaz produit par la digestion anaérobie des déchets et le lixiviat, le liquide qui résulte de la percolation des eaux de pluie dans les déchets pendant l'exploitation du casier, eau qui s'est chargée en polluants minéraux et organiques issus en particulier de la digestion des déchets par les micro-organismes. Le biogaz, riche en méthane et dioxyde de carbone, deux gaz à effet de serre, est soit brûlé *in situ*, soit valorisé en énergie comme dans le cas de la méthanisation. Le lixiviat est traité comme un effluent industriel, c'est-à-dire qu'on utilise un procédé physico-chimique chargé de débarrasser l'eau des polluants. L'eau épurée est restituée au milieu naturel, en général un cours d'eau, et les polluants concentrés sont inertés et stockés dans une installation réservée aux déchets industriels spéciaux.
On peut exploiter les casiers comme des bioréacteurs, c'est-à-dire en essayant d'accélérer la dégradation des déchets. La méthode la plus couramment employée consiste à injecter dans le casier fermé et recouvert du multicouche d'étanchéité les lixiviats récupérés dans le fond. Cela permet de maintenir au sein des déchets un taux d'humidité plus propice à la biodégradation.

encore couramment au XIXe siècle, peu de produits sont recyclés. Dans ces conditions, la décharge contrôlée est devenue « l'outil » principal d'élimination des déchets dans le dernier tiers du XXe siècle. Dans certains pays industrialisés, comme la France, l'incinération avec récupération d'énergie a commencé à la détrôner dans les années 2000.

Poubelle planétaire ?

L'âge du jetable

Après la seconde guerre mondiale, les années 1950 voient émerger d'abord aux États-Unis puis en Europe et au Japon un nouveau modèle social et économique : la société de consommation. Après les révolutions technologiques du XIXe siècle et de la première moitié du XXe siècle, c'est une révolution des comportements qui touche l'ensemble des sociétés désormais industrialisées.

L'obsolescence programmée, mythe ou réalité ?

Concevoir des produits peu durables, rapidement usés, inutilisables ou dépassés, afin de pouvoir vendre des produits neufs de remplacement le plus souvent possible, c'est ce qu'on appelle l'obsolescence programmée ou désuétude planifiée. Elle est régulièrement dénoncée par les mouvements écologistes comme un effet pervers de la société de consommation. Ces accusations sont par contre considérées comme abusives par d'autres groupes de pression. Qu'en est-il réellement ?
Le terme apparaît pour la première fois dans les années 1930, dans les écrits d'économistes américains la prescrivant comme remède à la crise économique ! Le premier exemple « classique » d'obsolescence programmée est une automobile conçue pour concurrencer la Ford T et pour sembler démodée régulièrement par l'arrivée d'un nouveau modèle pour lequel on changeait simplement la forme de la carrosserie, la couleur et quelques accessoires chaque année. Un autre exemple célèbre ? Les bas-nylon qui, lors de leur première mise en vente dans les années 1940 étaient si résistants que rapidement le marché s'effondra... jusqu'à ce qu'on conçoive enfin une formulation de polymère les rendant plus fragiles et plus rapidement filables ! Le monde de l'informatique de ces dernières décennies regorge de procès et de réglementations cherchant à prévenir ou corriger l'obsolescence de certains produits. Cependant, depuis l'épisode des bas-nylon, aucune réelle stratégie d'obsolescence programmée n'a jamais pu être prouvée et le débat est loin d'être clos.

Les icônes du jetable

Nous connaissons et utilisons tous des produits jetables, symboles parfaits de notre société de consommation et de notre attitude contemporaine face à la production de déchets.

La pile électrique sèche. Date de naissance : 1888. Sa consommation augmente considérablement dans les années 1950 avec l'apparition du transistor. En France, on en consomme près d'un milliard chaque année. Le marché mondial des piles croît de plus de 8 % par an, avec une nette augmentation de la part des piles et batteries rechargeables.

Le mouchoir en papier. Date de naissance : 1930. On en vend chaque année 300 milliards aux États-Unis et 20 milliards en France. Pour les fabriquer, on utilise très peu de papier recyclé, accusé de n'être pas assez doux.

Le stylo Bic®. Date de naissance : 1950. Depuis son invention, il s'en est vendu 100 milliards dans le monde.

Le sac plastique à usage unique. Date de naissance : 1960. C'est à l'avènement des supermarchés, temples de la société de consommation, que l'on doit l'omniprésence de cet objet… y compris au cœur des océans et dans l'estomac des mammifères marins. Ce sont environ 1 000 milliards de sacs plastique qui sont produits chaque année de par le monde et utilisés en moyenne 20 minutes avant de devenir des déchets. On assiste depuis la fin des années 1990 à des efforts marquants pour en limiter l'utilisation, par des taxes ou par une interdiction pure et simple, selon les pays. En France, la production est passée de 15 milliards de sacs en 2003 à 800 000 en 2010 et ils seront totalement interdits à partir du 1er janvier 2016.

La bouteille en plastique. Date de naissance : 1960. On en consomme mondialement chaque année environ 200 milliards, dont seulement un quart est recyclé. Certains pays, comme la Suisse, atteignent presque les 100 % de recyclage. La France en est à 45 % et progresse régulièrement.

La couche-culotte jetable. Date de naissance : 1961. La consommation mondiale annuelle est de plus de 20 milliards d'unités. Composées de cellulose autant que de plastique, toujours souillées, les couches culottes jetables sont très difficilement recyclables.

Le rasoir jetable. Date de naissance : 1975. Consommation mondiale annuelle : 4 milliards.

La lingette jetable à usage multiple. Date de naissance : 1995. Avec en moyenne 7 lingettes par semaine et par foyer, c'est une dizaine de milliards de lingettes qui sont jetées chaque année en France. Ce sont des dizaines de milliers de tonnes de déchets qui finissent inévitablement en décharge ou dans un incinérateur, car comme tout ce qu'on nomme « textiles sanitaires », les lingettes ne sont pas recyclées.

Son mode de fonctionnement ? Créer et entretenir un désir de consommation permanent, de biens et de services, en quantités toujours croissantes. Ses armes ? Avant tout la publicité, qui va prospérer grâce aux nouveaux médias, la radio puis la télévision. Mais également les produits jetables, inventés pour la plupart dans les années 1950-1960, et l'obsolescence programmée, bien que l'existence réelle de cette dernière soit souvent contestée. L'explosion de la production de déchets, comme de la consommation des ressources, est le résultat direct et incontestable de ce nouveau virage, emprunté désormais par une grande partie de la planète. Dès les années 1950, les courbes de production de déchets par habitant s'envolent dans les pays industrialisés, suivis quelques décennies plus tard par les pays en développement, et en particulier par leurs populations récemment urbanisées.

Avec la société de consommation, non seulement on produit beaucoup plus de déchets, mais on recycle aussi beaucoup moins. Le tri et le recyclage sont passés de mode au cours des « Trente Glorieuses », ces années de prospérité

Les équipements électriques et électroniques, le nouveau jetable ?

La durée de vie moyenne d'un équipement électronique est aujourd'hui d'environ cinq ans. Une étude récente menée en Allemagne a montré qu'un ordinateur sur deux est remplacé non pas à cause d'une panne mais parce qu'il est devenu trop lent malgré son parfait état de fonctionnement. En 2014, on a jeté environ 75 millions de tonnes d'équipements électriques et électroniques de par le monde, dont moins de 20 % sont recyclés. La plupart de ces déchets comportent des matières toxiques ou dangereuses, en particulier quand on cherche à en récupérer les métaux précieux avec des techniques artisanales. Et c'est ce qui se passe dans un certain nombre de pays en développement où les équipements obsolètes des pays développés sont exportés sous forme de matériel d'occasion, afin de contourner les lois interdisant l'exportation des déchets.

Le problème de ces déchets est loin d'être à son comble car on estime que rien qu'en Chine et en Inde leur production va être multipliée par 4 ou 5 dans les années qui viennent !

Consommation, surconsommation, hyperconsommation : l'âge des superlatifs

Le concept de société de consommation date des années 1950. Celui de surconsommation, qui définit une consommation au-dessus de la « moyenne » ou des besoins « normaux », caractérise les pays actuellement développés, et a été élaboré à la fin du XXe siècle pour dénoncer les effets de la société de consommation sur l'environnement, ainsi que l'épuisement des ressources naturelles. La notion d'hyperconsommation, encore plus récente, caractérise la fraction la plus consommatrice de l'humanité, concentrée dans les villes, obsédée par les marques et par la communication virtuelle, la téléréalité et la multiplication des écrans... on connaît déjà une partie de l'impact de cette hypermodernité sur le monde des déchets : l'explosion de la quantité de déchets électroniques, des « hyper-déchets » qui créent de nouvelle problématiques de gestion et des impacts dont on a encore du mal à appréhender les effets.

entre la seconde guerre mondiale et le premier choc pétrolier, pendant lesquelles on imagine que la croissance économique est infinie et que les ressources naturelles sont illimitées. Économiser la matière et l'énergie ? Se préoccuper de ses déchets ? Une habitude de « pauvre », un mauvais souvenir du temps jadis, du temps de la guerre et des privations. Alors on consomme joyeusement et... on jette ! La consommation massive des matières plastiques, difficilement recyclables, contribue à cette augmentation : on produisait 5 millions de tonnes de plastique par an dans les années 1950, plus de 280 millions aujourd'hui. Ce sont ainsi environ 100 millions de tonnes de déchets plastique qui ont été rejetées en 2015 dans le monde, et dont seulement 5 % ont été recyclés. Que fait-on des déchets dans cette société de consommation mondialisée ? Destination majoritaire dans la plupart des pays : la décharge. Ou plutôt le stockage, désormais contrôlé dans les pays industrialisés. Et puis, au fur et à mesure que les oppositions à la décharge se multiplient et que les sites où l'on pourrait stocker les déchets se raréfient, l'incinération, présentée comme la solution miracle, d'autant qu'elle permet de récupérer chaleur et énergie électrique. Mais il faut savoir que le tiers du pouvoir énergétique des déchets incinérés provient des matières plastiques, et que brûler 1 kg de plastique revient à brûler 2 kg de pétrole : le pétrole qui entre dans la composition de la matière plastique (1 kg) et le pétrole brûlé pour la fabriquer et la mettre en forme (1 kg). Comme on ne peut pas récupérer l'énergie de la fabrication, on ne récupère que l'énergie d'un kilogramme de pétrole et on perd l'autre kilogramme... d'une énergie fossile non renouvelable. L'incinération n'est donc pas une solution énergétique d'avenir, loin de là ! Voilà pourquoi la réduction des déchets plastique et leur recyclage est un des enjeux majeurs des années à venir.

Les larmes de la sirène

Tous les déchets non recyclés ne finissent pas leur vie en décharge ou dans un incinérateur. On en retrouve malheureusement beaucoup dans les milieux naturels. Ainsi, sur 280 millions de tonnes de matières plastiques produites par an dans le monde, on estime que 10 millions de tonnes sont emportées chaque année, plus ou moins accidentellement, vers la mer. Cela représente 300 kg de plastique par seconde. Depuis le XXe siècle, la mer est considérée par beaucoup comme un réservoir infini qui peut engouffrer et digérer nos déchets, la « décharge idéale » en quelque sorte.

Des exemples ? À l'issue de chacune des deux guerres mondiales, ce sont des centaines de milliers de tonnes de munitions conventionnelles et chimiques qui ont été immergées, accidentellement ou volontairement, dans les mers et les océans. Les fuites dues à la corrosion sont inévitables, et libéreront des

La majorité des déchets plastiques que l'on retrouve en mer ont été apportés par les rivières et les fleuves. Ici, des déchets flottants sur la Seine sont arrêtés par un barrage en vue de leur récupération. Malheureusement, nombreux sont ceux qui, ailleurs, iront rejoindre l'océan.

métaux lourds et autres toxiques en faibles doses mais de façon chronique, affectant l'ensemble de la chaîne alimentaire. On estime aujourd'hui qu'on ne pourra raisonnablement récupérer et traiter qu'à peine 1 % des stocks connus.

Entre 1950 et 1963, le Royaume-Uni et la Belgique ont utilisé la fosse des Casquets, un ravin sous-marin situé à une profondeur de 150 m dans la Manche près des îles anglo-normandes des Casquets, comme zone d'immersion pour plus de 15 000 tonnes de déchets faiblement et moyennement radioactifs. Cela semblait tout naturel, puisque la fosse avait déjà servi à se débarrasser de milliers de tonnes de munitions et autant de déchets toxiques, principalement des pesticides !

À la même époque, les États-Unis imaginaient de leur côté utiliser la fosse des Mariannes, la plus profonde du globe, pour éliminer les déchets hautement radioactifs. En 1960, la marine américaine charge l'océanographe suisse Jacques Piccard (1922-2008) d'y effectuer la première plongée avec le bathyscaphe inventé par son père, Auguste Piccard (1884-1962). L'idée de la marine ? Prouver qu'il n'y a pas de vie à ces profondeurs et que le projet de « décharge nucléaire » ne présente pas de danger. Or, posé à près de 11 000 m de profondeur, l'océanographe observera par le hublot ce que personne n'imaginait : des crevettes et un poisson plat. Le projet de la Fosse des Mariannes sera abandonné et Jacques Piccard deviendra le principal promoteur de la protection des océans contre l'immersion de déchets de toutes sortes.

En 1972, éclate en France « l'affaire des boues rouges » : une société italienne obtient l'autorisation provisoire d'immerger à vingt milles nautiques au large du Cap Corse près de 3 000 tonnes de déchets chimiques chaque jour. Ces déchets sont des « boues rouges » composées d'oxydes métalliques, mais aussi d'acide sulfurique et des composés d'arsenic, de plomb et de cadmium. L'opinion publique et les élus de Corse se mobilisent contre le projet et sont relayés par des personnalités comme Jacques-Yves Cousteau, Paul-Émile Victor et Alain Bombard. Il faudra attendre 1974 pour que l'interdiction d'immersion de ces déchets soit prononcée. Fin de l'affaire des boues rouges ? Pas tout à fait : depuis 1966 une autre société, française celle-ci, rejette d'autres « boues rouges » composées de résidus de bauxite, dans un canyon de 1 300 m de profondeur, la fosse de Cassidaigne, par un pipe-line de plus de 30 km de long. On estime à plusieurs millions de tonnes la quantité de boues rouges ainsi déposées à quelques kilomètres du port de Cassis, en plein parc national des Calanques. Malgré de nombreuses protestations, en particulier de scientifiques, l'autorisation de rejets a été renouvelée en 1995 et ne prendra définitivement fin qu'en 2015… À moins que l'industriel, qui a déposé une demande de dérogation pour le rejet d'eaux de lavage et non plus de boues rouges, n'obtienne gain de cause.

Entre 1969 et 1991, les États-Unis et quelques pays européens ont organisé l'incinération en haute mer, sur des navires spéciaux naviguant dans l'Atlantique nord, le golfe du Mexique et la mer du Nord, des déchets de l'industrie chimique jugés trop dangereux pour être incinérés à terre. On pensait alors que les polluants produits seraient « neutralisés » par l'eau de mer. Même si les chiffres précis sont impossibles à déterminer, ce sont des millions de tonnes de déchets toxiques qui ont été incinérées dans ces conditions. Difficile aussi de quantifier l'impact de ces pratiques sur les milieux marins. Les scientifiques

Une conduite rejetant des effluents en mer, quelque part en Europe.

La plastisphère

« Plastisphère » est le terme que les scientifiques emploient désormais pour décrire l'ensemble des écosystèmes qui ont été forcés de s'adapter à la présence massive de matières plastiques dans leur environnement. Ce sont essentiellement des écosystèmes marins, et les plus touchés se trouvent au centre des vortex océaniques subtropicaux, que l'on peut appeler aussi gyres subtropicaux, gyres de haute pression ou gyres anticyloniques. Ce sont des tourbillons de plusieurs milliers de kilomètres de diamètre, créés par les vents et les courants marins, et tournant très lentement. C'est au cœur de ces vortex que se concentrent les déchets flottants. 90 % de ces déchets sont des matières plastiques, car les autres matériaux flottants comme le bois ont en général le temps de se décomposer avant d'y parvenir. Le premier vortex de déchets a été découvert fortuitement par le navigateur et océanographe américain Charles Moore en 1997 dans le gyre subtropical du Pacifique nord, exactement entre la Californie et Hawaï. Il a été le premier à décrire ce qu'il a baptisé « soupe plastique » : une gigantesque zone équivalente à plusieurs fois la superficie de la France. On y trouve aussi bien des objets visibles à l'œil nu, qui mesurent de un centimètre à plus d'un mètre et qu'on appelle les macro-déchets, que de toutes petites particules de plastique, visibles uniquement à la loupe ou au microscope. La plupart de ces plastiques proviennent des continents et sont liés à la mauvaise gestion des déchets : dans de nombreux pays, les emballages échappent en grandes quantités à la collecte, au tri et au recyclage et rejoignent accidentellement ou volontairement les cours d'eau qui les conduisent invariablement vers la mer. Les sacs à usage unique et les bouteilles font partie des objets en plastique les plus fréquemment rencontrés en mer.

Les macro-déchets sont de véritables hôtels flottants pour la vie marine. On y trouve surtout des vers et des mollusques qui s'y attachent, mais il n'est pas rare d'y découvrir des poissons. Cela pourrait sembler sympathique, mais il ne faut pas se leurrer, le phénomène présente de nombreux risques pour l'environnement. Tout d'abord, ces espèces qui voyagent à travers les océans sur des radeaux de déchets pourraient très bien véhiculer des microbes pathogènes et mondialiser des épidémies. Tous ces corps flottants sont aussi des pièges mortels pour de nombreuses espèces : les biologistes estiment que plus de 100 000 mammifères marins et tortues et plus d'un million d'oiseaux de mer meurent chaque année, asphyxiés ou leur tube digestif obstrué par des déchets plastique qu'ils confondent avec de la nourriture. Et puis, pour couronner le tout, un phénomène que l'on commence à peine à découvrir : tous les plastiques sont de véritables éponges à polluants organiques, ils absorbent des cocktails toxiques que nos activités humaines ont rejetés dans la mer, et les accumulent jusqu'à atteindre des concentrations des millions de fois plus élevées que dans l'eau ! Un objet en plastique de quelques dizaines de grammes va, au fil des ans, se fractionner en des milliers de petites particules, certaines ne mesurant que quelques microns, toutes aussi concentrées en polluants les unes que les autres. Et de très nombreux organismes vivants, comme des bactéries et du zooplancton, à la base de la chaîne alimentaire, vont se nourrir de ces microparticules polluées. Les produits toxiques qu'elles renferment vont ainsi se retrouver dans toute la chaîne alimentaire.

Si l'on se fie aux modèles, et que toute la zone des gyres subtropicaux est bien concernée, c'est 40 % de la surface des océans qui serait couverte de déchets plastique flottants… Et 40 % de la surface des océans, ça équivaut tout simplement à la surface totale des continents !

savent cependant qu'au moins un des produits de l'incinération des déchets dangereux, la dioxine, se retrouve dans toute la chaîne alimentaire, jusqu'aux humains qui consomment poissons et fruits de mer.

Il a fallu une convention internationale au début des années 1990 pour mettre fin à cette véritable industrie que représentaient l'immersion et l'incinération des déchets en mer, qu'ils soient ou non radioactifs. En revanche, cette convention ne concerne pas les rejets par des conduites partant de la côte.

Mais revenons aux matières plastiques et à leur présence dans les océans. On trouve depuis les années 1960 des déchets, et en particulier des déchets de plastique, en quantité croissante sur la plupart des côtes. Parmi tous les objets hétéroclites que l'on peut récolter sur les plages, on trouve de petits granulés de plastique de quelques millimètres de diamètre que l'on nomme « larmes de sirène ». Ce sont en fait des granulés industriels de polymère, matière de base utilisée pour la fabrication des objets en plastique, déversés accidentellement ou par négligence dans l'environnement. Ils rejoignent en grand nombre les cours d'eau puis la mer, comme environ 80 % des déchets que l'on retrouve dans les océans, et qui viennent en fait des continents. Jusqu'à la fin des années 1990, on croyait ce phénomène de rejet de déchets en mer marginal et limité au littoral, jusqu'à ce qu'en 1997 l'équipage d'un voilier participant à la course Los Angeles – Hawaï découvre accidentellement l'existence d'une zone couverte de déchets flottants en plein cœur du Pacifique nord.

Des expéditions scientifiques et des travaux de modélisation ont rapidement confirmé cette découverte : les déchets de plastique voyagent jusqu'au cœur de la plupart des océans, s'y concentrent et génèrent des impacts sur les écosystèmes que l'on commence à peine à mesurer et à comprendre. Il semble désormais que près de la moitié de la surface des océans pourrait être couverte de déchets de plastique. Notre société humaine planétaire agit bel et bien comme une gigantesque structure dissipative qui désorganise considérablement son environnement. L'anthroposphère épuise les ressources biologiques marines, par exemple par la pêche intensive, et elle remplace cette biomasse par ses déchets de plastique. On remplace les poissons par du plastique ! La présence massive de déchets plastique en mer n'est pas un petit problème. Il va peut-être se révéler comme une des plus grandes crises écologiques que connaîtra la planète. Seulement, ce désastre se déroule très loin de nos côtes, en plein cœur des océans et dans les fonds marins, très loin de nos regards. Si la sirène verse autant de larmes sur nos plages, c'est peut-être parce que tous les milieux marins sont en train de souffrir. Et si ses larmes étaient une alarme ?

Les déchets au cœur de notre avenir

Les déchets au cœur de notre avenir

Quel point commun y a-t-il entre l'astrophysicien Hubert Reeves et la navigatrice Ellen Mac Arthur ? Tous deux, de par leur métier, ont été mis en contact direct avec les crises écologiques qui nous menacent : Ellen Mac Artur en sillonnant les océans du globe, Hubert Reeves en explorant les arcanes de l'histoire de l'univers. Tous deux, par des chemins différents, en sont venus à la même conclusion : l'humanité, par son exploitation effrénée des ressources naturelles et sa production irraisonnée de déchets est arrivée à un stade où un changement radical, une révolution, est nécessaire. Et tous deux se sont engagés dans la promotion de la même idée : nous pouvons survivre aux crises environnementales majeures en cours ou à venir, à condition de repenser tout notre système économique en nous inspirant des comportements de la nature, qui elle aussi a survécu aux crises qui la menaçaient. Et Hubert Reeves conclut souvent ses conférences sur la question en citant Jean Monnet, un des fondateurs de l'Union européenne : « L'important n'est pas d'être optimiste ou pessimiste mais d'être déterminé à faire ce que l'on souhaite. »

Page précédente
Un bâtiment en matériaux recyclés en cours de construction. Nommées géonefs (*earthship* en anglais, vaisseau de la terre), ces maisons sont l'œuvre de l'architecte américain Michael Reynolds.

À l'école du vivant

La révolution industrielle du XIXe siècle puis l'avènement de la société de consommation depuis le milieu du XXe siècle ont largement contribué à couper une grande partie de l'humanité de ses liens avec son environnement naturel. Pour les sociétés humaines contemporaines, la biosphère est devenue un simple réservoir de ressources réputées infinies et un réceptacle à déchets que l'on imagine illimité. Malgré tout, la prise de conscience du caractère limité de nos ressources et surtout plusieurs catastrophes environnementales comme les marées noires ont fait émerger, en réaction, les mouvements environnementalistes et l'écologie politique dans les années 1970.

À partir de cette décennie-là, les préoccupations de l'écologie et de l'économie politique se combinent et vont jusqu'à profondément remettre en cause le modèle économique dominant, largement basé sur l'exploitation intensive des ressources naturelles et la production massive de déchets. Le réchauffement climatique, devenu une préoccupation majeure depuis les années 1990, n'a fait qu'amplifier ce mouvement de remise en cause. Bien sûr, les alternatives proposées sont plus ou moins réalistes, plus ou moins compatibles avec le fonctionnement d'une société, désormais mondialisée, comptant plusieurs milliards d'êtres humains. Parmi ces alternatives, apparaissent successivement plusieurs concepts, fondés scientifiquement, et qui sont beaucoup plus que des théories coupées du monde réel. La preuve ? Tous ces nouveaux concepts, sans exception, sont désormais inscrits dans notre monde, dans ses lois, dans ses politiques publiques et dans ses dispositifs économiques. Ces concepts pourraient tous être qualifiés de « bio-inspirés », car ils s'inspirent du vivant. Le vivant servant de modèle à nos constructions humaines, ce n'est pas nouveau : il y a 500 ans, Léonard De Vinci s'inspirait déjà des oiseaux pour concevoir ses machines volantes, les ornithoptères.

Ainsi le concept de biomimétisme apparaît tout d'abord dans les années 1950 pour inclure toutes les approches d'ingénierie cherchant à utiliser, dans les technologies, les solutions trouvées par la nature. Le biomimétisme se retrouve dans de nombreux domaines industriels, de l'aéronautique (les avions sont les « descendants » des ornithoptères !) à la construction.

La notion de développement durable (ou développement soutenable selon les traductions en français du terme anglais original) est clairement définie à partir des années 1990 comme un développement préservant les composantes et les fonctions des écosystèmes pour les générations présentes aussi bien que pour les générations futures. En développement durable, la notion d'écosystème est centrale et inclut aussi bien les êtres humains et leur environnement physique que les plantes et les animaux. Il s'agit donc bien d'une approche bio-inspirée qui tend à considérer l'anthroposphère comme faisant partie intégrante de la biosphère.

L'écomimétisme est conçu dans les années 1990 comme du biomimétisme à l'échelle des écosystèmes. Il s'agit, pour répondre aux besoins du développement durable, de chercher dans les écosystèmes naturels des modèles d'organisation que l'on pourrait appliquer aux systèmes humains. Cette organisation bio-inspirée concerne en particulier les flux de matière et d'énergie à différentes échelles.

L'écologie industrielle est une forme d'écomimétisme appliqué aux systèmes industriels, analysés avec les mêmes techniques que les écosystèmes naturels. Le premier exemple d'écologie industrielle est ce que l'on appelle la symbiose de Kalundborg, un site industriel danois fonctionnant selon le modèle d'un écosystème depuis les années 1970.

L'économie circulaire désigne un modèle économique apparu dans les années 2000, répondant aux exigences du développement durable et issu des réflexions d'experts en écomimétisme. Il s'agit de produire des biens et des services avec des méthodes qui ne font pratiquement plus appel aux matières premières ni aux énergies non renouvelables.

L'idée sous-jacente derrière tous les concepts bio-inspirés est que l'auto-organisation des systèmes naturels vivants résulte de millions d'années d'évolution et que les solutions qui en émergent ont été longuement éprouvées et ont ainsi démontré leur durabilité, leur efficacité et leur résilience.

Les experts de l'écomimétisme classent généralement les écosystèmes naturels servant de modèle aux systèmes économiques et technologiques humains en trois types.

Les écosystèmes de type I, appelés aussi écosystèmes à stratégie opportuniste. Dans ce type d'écosystème, les organismes vivants profitent de

La symbiose de Kalundborg : quand les déchets de l'un deviennent les ressources de l'autre

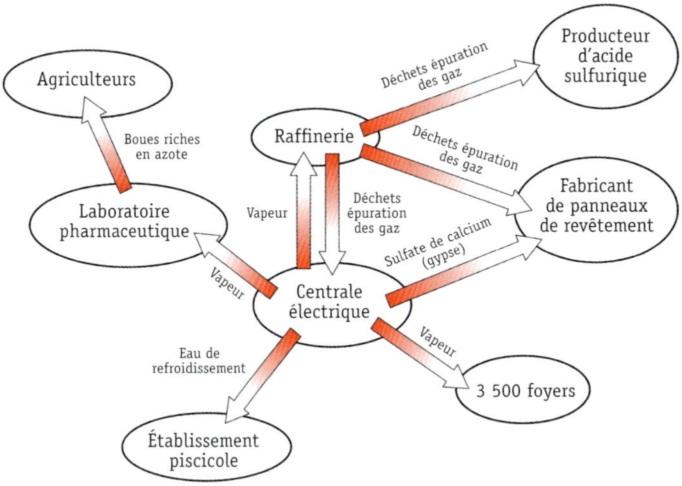

L'éco-parc de Kalundborg (Danemark), actuellement encore considéré comme l'exemple d'écologie industrielle le plus élaboré au monde, est à l'origine structuré par cinq grandes entreprises dépendant l'une de l'autre pour leurs ressources matérielles ou énergétiques. Le site industriel exporte des déchets matière ou énergie également vers des secteurs d'activités de proximité comme l'agriculture ou la pisciculture et alimente en chaleur 3 500 foyers de la ville de Kalundborg. Sur le schéma, les flèches représentant les flux de matière et d'énergie sont rouges au départ, ce qui symbolise un déchet, et blanches à l'arrivée, ce qui symbolise une ressource. Dans la réalité, le système est encore plus complexe, des entreprises toujours plus nombreuses s'intégrant régulièrement à la plateforme industrielle, devenue très attractive économiquement.

ressources matérielles et énergétiques très abondantes, quasiment illimitées, qu'ils utilisent aussi vite qu'ils le peuvent. Les différentes espèces sont en concurrence et celles qui vont l'emporter et dominer le milieu sont celles qui ont la plus grande vitesse de croissance, celles qui par exemple se reproduisent très vite et produisent un très grand nombre de jeunes. Les biologistes nomment ces espèces des « espèces à stratégie r » c'est-à-dire à stratégie reproductive. La population augmente rapidement, même si la mortalité est élevée. Les déchets s'accumulent aussi très rapidement. Dans la nature, on retrouve ces écosystèmes partout où le milieu vient de subir une grande perturbation, à la suite d'un incendie, d'un glissement de terrain, d'une inondation, d'une éruption volcanique, d'une tempête, d'un labour… Les plantes colonisatrices annuelles à stratégie r vont s'implanter en premier, recouvrir le sol, consommer à toute vitesse les nutriments… et saturer le milieu avec leurs déchets. À une plus petite échelle, les bactéries vont faire de même sur des restes de nourriture. C'est aussi la stratégie qu'emploie l'espèce humaine avec son modèle économique actuel dominant, issu de la révolution industrielle : consommer massivement des matières premières et des énergies non renouvelables, croître rapidement, coloniser l'ensemble de la planète et tous ses milieux, et saturer ceux-ci de déchets. Cependant, l'exemple des écosystèmes naturels nous montre que ce type de stratégie n'est pas soutenable (ou durable) : les écosystèmes de type I meurent par épuisement de leurs ressources ou par intoxication par leurs propres déchets, ou bien sont remplacés tôt ou tard par un écosystème de type II puis par un écosystème de type III. Malgré tout, dans la nature, les espèces à stratégie r survivent quand même en colonisant d'autres sites. C'est exactement ce que proposent certains auteurs de science-fiction pour permettre à l'espèce humaine de continuer de fonctionner avec une stratégie de type I : coloniser d'autres planètes avant d'abandonner la Terre que l'on aura rendue impropre à notre survie…

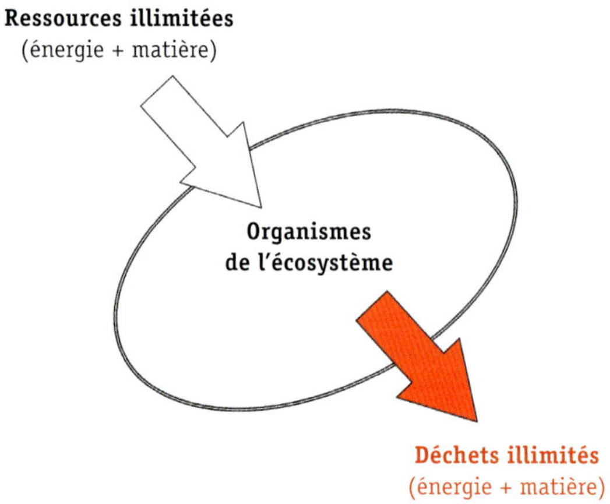

Écosystème de type I : le flux de matière et d'énergie est linéaire. Les organismes ne coopèrent que très peu et sont surtout en concurrence. Il ne peut y avoir complémentarité des modes de consommation et aucun recyclage n'est possible : tout le monde consomme les mêmes ressources et personne n'utilise les déchets d'un autre comme ressource. C'est le mode de fonctionnement privilégié par notre modèle économique dominant à l'échelle planétaire, notre anthroposphère actuelle.

Les écosystèmes de type II, à « stratégie intermédiaire » ou « de transition ». Ils prennent la relève des écosystèmes de type I quand les ressources utilisées par ces derniers commencent à s'épuiser ou quand l'accumulation des déchets atteint des niveaux insupportables. De nombreuses espèces spécialisées font leur apparition, comme les détritivores, les coprophages et les saprophages, tous les « recycleurs » qui vont utiliser les déchets de l'écosystème comme ressource et devenir ainsi la clé de voûte de sa composante circulaire. La stratégie des espèces d'un écosystème de type II est au moins autant basée sur la coopération que sur la concurrence. Les « espèces à stratégie K » ont commencé à s'installer : ce sont des espèces qui investissent dans la longévité et la survie des jeunes. Chez ces espèces, il y a un grand nombre d'adultes pour un plus petit nombre de jeunes, contrairement aux espèces à stratégie « r ». C'est le cas, dans les écosystèmes naturels, des plantes vivaces, des arbres, des oiseaux, des mammifères. Les écosystèmes de type II sont dits « de transition » car ils représentent presque toujours un intermédiaire chronologique assez instable entre type I et type III. En effet, des perturbations peuvent faire retourner au type I ou évoluer vers le type III de façon assez imprévisible. Typiquement, les écosystèmes de type II s'organisent

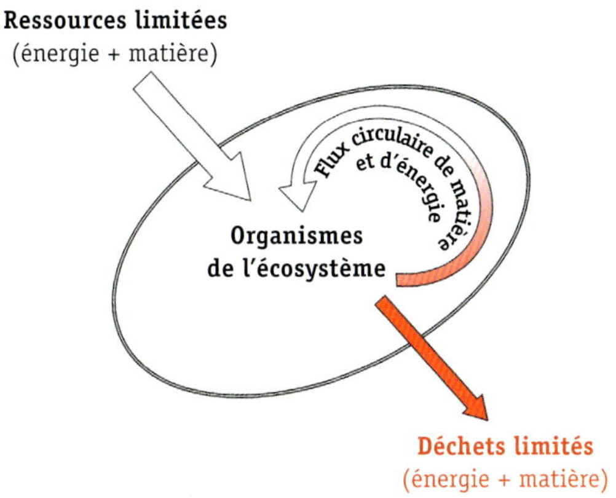

Écosystème de type II : le flux de matière et d'énergie n'est plus seulement linéaire comme dans le type I mais comporte une composante circulaire. Une part non négligeable des organismes coopèrent, tandis que d'autres sont encore en concurrence. Les modes de consommation deviennent progressivement complémentaires, ce qui rend possible la composante circulaire des flux : les déchets des uns deviennent peu à peu les ressources des autres. Ce mode de fonctionnement commence à émerger dans l'anthroposphère actuelle, grâce aux expériences d'écologie industrielle, au recyclage des déchets, au développement des énergies renouvelables et de l'économie circulaire.

d'abord en « îlots » où se concentrent les premières « expériences » de circularité des flux de matière et de coopération entre espèces, au milieu d'un « océan » de type I. Si l'on poursuit l'analogie avec notre fonctionnement technico-économique, il se pourrait que l'on assiste aujourd'hui à l'émergence d'une anthroposphère de type II : des segments d'économie classique sont remplacés ici et là, dans des îlots, par une économie circulaire. Le mouvement est encore rare, ténu, fragile et des perturbations à l'échelle planétaire pourraient le stopper… Mais l'évolution vers une anthroposphère de type III est désormais possible.

Les écosystèmes de type III, « matures », succèdent aux écosystèmes de type II. La stratégie adoptée par les espèces régnant sur ce type de système est celle du long terme et de la soutenabilité : elles sont là pour durer, ne prenant pas plus à leur environnement que ce qu'elles lui apportent. Les stratégies de reproduction sont majoritairement de type « K ». Les relations entre espèces sont dominées par la coopération et non plus la concurrence. L'ensemble du système est organisé de façon complexe, la biodiversité est élevée, les espèces

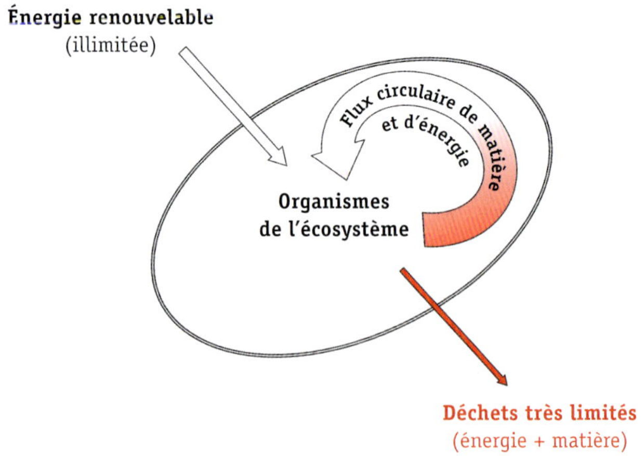

Écosystème de type III : il « fait mieux avec moins ». Le système n'est plus linéaire, la composante circulaire du flux de matière et d'énergie est très largement majoritaire. Le fonctionnement de l'ensemble est fondé sur la spécialisation et la coopération, et non plus sur la concurrence. L'écosystème n'importe plus de matières premières, ne consomme plus que des énergies renouvelables et produit des déchets compatibles avec la biosphère et en quantités très limitées. Une utopie pour l'anthroposphère ? Cela dépendra du comportement global de la transition de type II dont on perçoit les prémices actuellement.

Les recycleurs de la révolution industrielle, un écosystème de type II avorté ?

Au XIXe siècle, la révolution industrielle a été accompagnée, dans les villes d'Europe, par l'essor des chiffonniers et du recyclage de matières en tous genres, à grande échelle. Pierre Leroux, un politicien précurseur de l'écologie, avait même théorisé vers 1840 un concept proche de l'économie circulaire, le « Circulus », qui lui avait valu de nombreuses moqueries de la part de ses collègues parlementaires et avait précipité la fin de sa carrière politique. Il avait tout de même fait école auprès d'un médecin, le Dr Julien Pioger, maître d'œuvre de la première expérience française en matière de compostage industriel des bio-déchets, avec valorisation agronomique du compost et valorisation énergétique de l'incinération.

On peut réellement considérer ces faits historiques comme des témoins de la tentative d'installation, entre le milieu du XIXe siècle et le début du XXe siècle, d'un écosystème de type II, intermédiaire, accompagnant l'essor du système industriel, de type I celui-là. La suite des évènements historiques, avec les deux guerres mondiales puis les Trente Glorieuses et l'établissement de la société de consommation, purement de type I, nous montre la fragilité des systèmes de type II tant que les « îlots » qui les constituent n'ont pas atteint une taille et un nombre suffisants pour donner naissance à un système de type III.

sont le plus souvent spécialisées. Les recycleurs de déchets jouent un rôle central, amorçant le flux circulaire de matière. Pratiquement aucun déchet ne sort du système et la seule énergie qui y entre est l'énergie solaire. Pour toutes ces raisons, l'écosystème de type III est beaucoup plus stable et résilient que les deux autres. Les écosystèmes naturels de type III sont par exemple les forêts, les récifs coraliens, etc. De nombreux scientifiques, et même des économistes, pensent que pour se maintenir avec une population aussi nombreuse, l'humanité doit évoluer vers un modèle technico-économique global analogue à un écosystème de type III, une économie circulaire à l'échelle globale.

Clé de voûte d'une nouvelle économie ?

Assisterait-on aujourd'hui réellement à l'émergence d'un écosystème de type II à l'échelle de l'anthroposphère ? Dans les écosystèmes naturels de type II, les premiers flux circulaires de matière et d'énergie sont « expérimentés » dans des îlots avant de s'étendre à l'ensemble d'un site, qui deviendra alors un écosystème de type III. Alors, quels sont les îlots, dans notre anthroposphère, où une nouvelle économie et de nouvelles technologies, conduisant à des flux circulaires, sont expérimentées ? Et en quoi les déchets sont-ils la clé de voûte de ces expériences ?

L'innovation au coin de la rue

Commençons par ce qui se passe à côté de chez nous, dans notre jardin, en bas de notre immeuble, dans notre quartier. C'est l'échelle des initiatives individuelles, citoyennes, et du monde associatif. Une des particularités de cette échelle est de pouvoir sensibiliser activement et concrètement le public à l'éco-citoyenneté : chaque citoyen a la possibilité d'y devenir acteur du changement vers une nouvelle économie.

Repair café

En « bon » français, il s'agit d'un « café de réparation »... mais tout le monde parle de *repair café* depuis que le concept a été inventé aux Pays-Bas en 2009. Un *repair café* est un lieu où peuvent se retrouver périodiquement les habitants d'un quartier ou d'un village pour réparer eux-mêmes les objets qu'ils apportent, avec l'aide de bénévoles. Ce peut être un café (comme son nom l'indique !) mais aussi une salle des fêtes ou un local associatif. Des outils sont mis à la disposition des participants et la plupart du temps un ordinateur connecté à Internet permet de chercher sur le web des solutions techniques, des plans, des notices de montage. Les buts des *repair cafés* sont multiples. Il s'agit d'abord de réduire les déchets en évitant de jeter des objets qui peuvent encore servir. Ils permettent aussi de rétablir dans la population l'habitude de la réparation comme mode de vie alternatif à la surconsommation. Enfin, les *repair café* ont montré qu'ils jouaient aussi un rôle très important de renforcement du lien social de proximité. Le mouvement des *repair cafés* s'est rapidement propagé aux Pays-Bas et en Belgique. Il atteignait en 2013 une grande partie de l'Europe de l'Ouest, ainsi que les États-Unis, le Canada, l'Australie et le Brésil.

Un *repair café* en Grande-Bretagne.

Ressourcerie

C'est un lieu de collecte, de valorisation et de revente de pièces de mobilier, de textiles, d'équipements électroniques et d'électroménager. Les ressourceries sont en général des coopératives ou des associations. Elles fonctionnent selon les principes de l'économie sociale et solidaire, participant à la fois à la réduction des déchets, à leur recyclage, à la vente d'objets à prix modiques, à la création d'emplois de salariés, pour la plupart en contrat d'insertion, et à la sensibilisation du public à la prévention des déchets, le tout à l'échelle locale. Il existe actuellement une centaine de *ressourceries* en France, regroupées en réseau depuis 2000. Le plus ancien réseau, l'association Emmaüs, est aussi le plus connu, mais ce n'est plus aujourd'hui le plus répandu. Les ressourceries sont encore peu connues du grand public car, pour éviter toute concurrence qui pourrait être jugée déloyale avec les produits neufs, elles sont interdites de publicité. Cependant, la quantité de biens collectés, revalorisés et vendus est en constante augmentation : 10 000 tonnes en 2003, 27 000 tonnes en 2013.

Compostage domestique ou collectif

Le compostage, rappelons-le, est l'opération qui permet de transformer les déchets organiques en matière de composition proche du terreau, que l'on peut utiliser ensuite en jardinage ou en agriculture. La transformation est effectuée par des micro-organismes en présence d'oxygène, avec l'aide des lombrics et des arthropodes. Pour faire du compost, on peut utiliser pratiquement tous les déchets biodégradables produits par les ménages : les déchets alimentaires, les déchets verts des jardins, etc. Le compostage domestique fait désormais l'objet de campagnes de mise en place par les collectivités territoriales, avec distribution de composteurs. Le compostage collectif est également de plus en plus promu, à l'échelle de la résidence ou du quartier. Les actions de compostage peuvent également être mises en place en milieu rural, à l'échelle des communautés de communes. Dans tous les cas, les expériences en cours montrent l'importance des campagnes de mise en place permettant de rencontrer l'adhésion des usagers concernés, et également de l'accompagnement par des professionnels, tels que les ambassadeurs du tri ou les maîtres composteurs. Les études soulignent également que le compostage, qu'il soit individuel ou collectif, entraîne toujours une réduction de la production de déchets

autres que les déchets organiques. L'explication est simple : composter permet de porter un autre regard sur ses propres déchets ; cela s'accompagne toujours d'une prise de conscience et de la remise en question de ses pratiques de consommation, de production et de tri des déchets.

De plus en plus fréquemment, les activités *repair café*, ressourcerie et compostage sont regroupées dans des lieux associatifs uniques où l'on promeut les initiatives collaboratives, l'échange d'objets d'occasion, le *Do It Yourself*, les potagers bio, etc.

Les territoires du changement

Élargissons notre point de vue et examinons maintenant l'échelle des collectivités territoriales, celle des villes (rappelons que 80 % de la population européenne vit désormais en ville), des communautés urbaines, mais aussi des communautés de communes rurales. Ces territoires accueillent aussi les entreprises, qu'elles soient agricoles, industrielles ou de services, et sont analysés par les experts comme des organismes vivants, avec leur métabolisme propre, ou plus exactement comme des écosystèmes. C'est une échelle extrêmement importante pour la mise en place des économies circulaires. En effet, les collectivités territoriales disposent des moyens leur permettant d'être des acteurs privilégiés de la mise en œuvre de cette nouvelle économie. Les territoires, plus ou moins urbains, qui se sont engagés dans cette voie ont d'abord favorisé l'implantation de nouvelles activités piliers de l'économie circulaire, dans les secteurs de la valorisation des déchets, du réemploi (*ressourceries*, *upcycling*, etc.), de l'écoconception, des énergies renouvelables, de l'économie sociale et solidaire de proximité, et les secteurs privilégiant et valorisant les circuits courts (produire, consommer et recycler localement).

L'éco-parc de Kalundborg, toujours un modèle d'écologie industrielle territoriale après plus de 40 ans d'existence.

Le lien étroit entre la collectivité territoriale et les entreprises de son territoire est essentiel. L'exemple d'écologie industrielle de Kalundborg nous le montre : l'écosystème économique et technologique qui y a été créé ne concerne pas que les seules industries, puisque les autres acteurs du territoire, les habitants et les agriculteurs en sont aussi des composantes. C'est l'ensemble du territoire qui participe à la mise en place de l'économie circulaire locale et pas uniquement les industries. C'est

De quoi en perdre son latin

De nombreux néologismes émaillent le monde de l'économie circulaire à l'échelle micro-locale, celle des *repair cafés*, et la plupart du temps ce sont des anglicismes.

***Do It Yourself* ou DIY :** il peut se traduire par « faites-le vous-mêmes » ou plus traditionnellement « fait maison » ou « fait main », et consiste à réaliser soi-même des objets et des services habituellement fournis par l'industrie. La plupart du temps cette fabrication est plutôt artisanale, mais l'émergence des *fab labs* et de l'impression 3D à la disposition du grand public a fait passer le DIY dans une autre ère, celle de la production d'objets technologiques de qualité professionnelle, équivalente voire supérieure à celle des productions industrielles. Le développement d'Internet a également permis le partage d'informations et de savoir-faire indispensables à l'essor du DIY. On peut considérer que les *repair cafés* font partie du mouvement DIY. Le *Do It Yourself* est également censé mettre fin à l'obsolescence programmée.

***Fab lab* :** c'est la contraction de *Fabrication laboratory*, un « laboratoire de fabrication », c'est-à-dire un lieu mis à disposition du public pour concevoir et fabriquer des objets grâce à un ensemble d'outils, de machines à commande numérique et d'ordinateurs. Bien que les imprimantes 3D ne fassent pas partie des équipements recommandés par le *Massachussetts Institute of Technology*, l'inventeur des *fab labs*, elles sont pourtant présentes dans de très nombreuses structures de ce type. Elles permettent déjà de réaliser des objets par ajout de matière, surtout du plastique, économisant énormément de matière par rapport aux procédés classiques et réduisant ainsi la production de déchets. Dans quelques années, il sera probablement possible d'apporter ses déchets de plastique dans un *fab lab* ou un lieu équivalent, près de chez soi, et de les transformer en nouveaux objets de son choix grâce aux imprimantes 3D.

Pavillon élaboré par l'architecte allemand Matthias Loebermann construit en 2005 à partir de 1 300 palettes de bois.

***Upcycling* :** le « surcyclage » ou « recyclage vers le haut » en français. C'est un concept né dans les années 1990 qui consiste à récupérer des objets et des matériaux usagés pour les transformer en produits d'utilité ou de qualité supérieure. L'exemple le plus significatif est la production d'œuvres d'art à partir de déchets. Les *designers* du monde entier se sont emparés de cette tendance née dans les pays en voie de développement, et détournent les objets en fin de vie de leur fonction initiale pour les rendre plus beaux ou plus utiles. Une vieille palette devient, avec un bon nettoyage ou un coup de pinceau une élégante table basse ; des bâches publicitaires en plastique deviennent des sacs à main tendance, des fragments de bouteilles en plastique des bijoux fantaisie... Et ce n'est qu'un début. L'*upcycling*, c'est du recyclage encore plus « vert » que le recyclage : pas besoin de transformer la matière par des processus industriels polluants et gros consommateurs d'énergie, on la remet en scène, le plus simplement possible. La valeur ajoutée ? L'imagination, la créativité, le talent.

l'ensemble du territoire qui fonctionne comme un écosystème avec son métabolisme propre.

Selon de nombreux économistes, l'économie circulaire bénéficie autant aux collectivités territoriales qu'aux entreprises :

- en rendant le territoire attractif pour de nouvelles entreprises ;
- en favorisant la recherche et l'innovation ;
- en ouvrant de nouveaux marchés aux entreprises ;
- en permettant de préserver de nombreux emplois locaux, les activités de l'économie circulaire étant difficilement délocalisables (ces emplois couvrant par ailleurs de nombreux domaines et des qualifications variées) ;
- en permettant une meilleure maîtrise des risques écologiques, tels que ceux liés à l'élimination des déchets, et qui découlent généralement de l'économie linéaire (analogue à un écosystème de type I) ;
- en permettant aux industriels de sécuriser leur approvisionnement en ressources, par la mise en place des boucles de recyclage des matières et des énergies à l'échelle locale ; cette sécurisation permettant aussi de diminuer considérablement l'impact des hausses de prix des matières premières.

L'économie circulaire ne manque pas d' « R »

La stratégie d'utilisation de la matière dans une économie circulaire repose sur ce qu'on appelle généralement les « trois R » : Réduire-Réutiliser-Recycler. Il s'agit de toutes les mesures qui vont permettre de :

- réduire la production de déchets ;
- réutiliser les produits avant qu'ils ne deviennent des déchets ;
- recycler les déchets.

À ces trois « R » s'en est ajouté un quatrième en 2010, conceptualisé par des chercheurs de l'Université de Virginie : « Repenser » les produits pour qu'ils soient, dès le stade de leur conception, métabolisables dans l'écosystème industriel. On voit bien qu'il s'agit là encore d'un concept biomimétique ! Ce quatrième « R » relève en fait d'un mouvement plus ancien, qu'on appelle l'écoconception et qui a pour objectif d'inscrire toute démarche de conception d'un produit dans les principes du développement durable. Le fer de lance de cette tendance est ce que les Anglo-saxons nomment le *Cradle to Cradle®* (C2C), que l'on peut traduire littéralement par « du berceau au berceau », un principe qui impose la conception de produits dont la fabrication n'émet aucune pollution et pouvant être réutilisés à 100 %. Ce concept fait l'objet d'une labellisation internationale depuis 2002. Une cinquantaine d'industriels ont obtenu le label C2C pour environ 300 produits manufacturés, essentiellement aux États-Unis et dans les pays du Nord de l'Europe.

La France est-elle prête ?

La notion d'économie circulaire fut médiatisée pour la première fois en France en 2007 à l'occasion du Grenelle de l'environnement. La nouvelle loi sur la transition énergétique, adoptée le 22 juillet 2015, fait la part belle, de façon explicite, à l'économie circulaire, avec des objectifs chiffrés concernant le recyclage des déchets, leur tri à la source et la promotion à grande échelle du compostage domestique et collectif. Le délit de « tromperie pour obsolescence programmée » est aussi désormais inscrit dans la loi.

Les Français, quant à eux, s'estiment prêts pour un tel changement de société, même si le concept d'économie circulaire n'est pas encore largement connu : les sondages récents nous apprennent que 88 % de nos concitoyens pensent que la société a besoin d'être transformée profondément, contre 70 % dans les années 1980 ; 82 % des Français déclarent trier la plupart de leurs déchets pour le recyclage, contre 66 % des Européens ; 96 % estiment que la réutilisation des produits est un mode de consommation qui a de l'avenir ; 93 % jugent qu'acheter des produits d'occasion, c'est une façon de consommer malin en temps de crise ; 75 % pensent que les produits d'occasion sont de plus en plus « tendance » ; 54 % font réparer leurs équipements électroménagers, informatiques, hi-fi ou vidéo plutôt que d'en acheter des neufs.

Les déchets, une richesse nationale ?

Aujourd'hui, les matières premières secondaires, c'est-à-dire les matières issues du recyclage représentent 50 % des matières premières utilisées par l'industrie française. Cette boucle de réutilisation représente désormais chaque année près de 20 millions de tonnes de matière et permet d'éviter l'émission d'environ 25 millions de tonnes d'équivalent CO_2. Le chiffre d'affaire annuel du secteur de la récupération et du recyclage en France est en constante hausse depuis le début des années 2000 et s'élève aujourd'hui à plus de 15 milliards d'euros. En comparaison, celui de la Chine est estimé à plus de 200 milliards d'euros.

Il est désormais clairement reconnu que l'économie circulaire représente une opportunité pour un pays qui, comme la France, a été victime de la désindustrialisation. Selon le ministère de l'Écologie, du Développement durable et de l'Énergie, le secteur de la gestion des déchets représente plus de 135 000 emplois. Pour l'ensemble des 25 pays de l'Union européenne, il s'agit de près de 1,5 million d'emplois. Parmi toutes les activités du déchet, c'est le recyclage qui est le plus porteur d'emplois, avec, pour recycler 10 000 tonnes de déchets, la nécessité de 250 emplois, contre 30 pour l'incinération et 10 pour le stockage.

Et ailleurs sur la planète ?

C'est probablement au Japon que l'économie circulaire a vu ses principes mis en œuvre à une échelle nationale pour la première fois. En 2000, un ensemble de lois « pour l'établissement d'une société fondée sur le recyclage » a jeté les bases de l'économie circulaire japonaise, en distribuant les rôles à toutes les échelles d'organisation du pays. Les résultats de cette politique restent cependant mitigés, certains analystes jugeant certaines mesures trop laxistes pour porter pleinement leurs fruits. On y a vu aussi des effets pervers aux politiques de réduction de l'élimination des déchets, mal préparées et pouvant conduire à la mise en décharge sauvage.

En Chine, l'économie circulaire a été élevée au niveau d'une « stratégie nationale » au début des années 2000. Des expériences volontaristes d'écologie industrielle fleurissent un peu partout dans le pays, avec une vingtaine de sites appelés « éco-parcs » et près de dix villes intégrant des concepts d'éco-mimétisme appliqué au métabolisme urbain, plaçant la Chine à la tête du mouvement mondial vers l'économie circulaire, loin devant les pays occidentaux. Selon Jean-Claude Lévy, géographe spécialiste de la Chine, ce n'est plus l'Occident qui sert de modèle, et en particulier en matière d'économie circulaire. Ce sont les pays en développement, de par leur croissance qui se heurte à la raréfaction des matières premières, qui devraient permettre à ce nouveau concept économique de prendre son essor à l'échelle globale.

L'éco-parc industriel de Xinzhuang près de Shanghaï fait partie de la vingtaine de sites chinois conçus selon les principes de l'écologie industrielle.

Un peu de science-fiction ?

Les villes du futur ressembleront-elles vraiment à Masdar ? Cette ville nouvelle, créée de toutes pièces, est en cours de construction à Abou Dabi. Elle fait partie des « villes intelligentes » conçues aux quatre coins de la planète pour répondre aux exigences de l'urbanisme à haute qualité environnementale et énergétique. L'économie circulaire y est largement promue et sera basée en particulier sur les *smart grids* et sur la gestion raisonnée des déchets.

Pour de nombreux experts internationaux, l'économie circulaire représente une composante essentielle d'une véritable révolution économique à l'échelle mondiale, celle qui a été qualifiée de troisième révolution industrielle par le prospectiviste Jeremy Rifkin. Cette troisième révolution industrielle serait basée à la fois sur l'économie circulaire et sur la production décentralisée d'énergie renouvelable (surtout solaire et éolienne) partagée sur des *smart grids* ou « réseaux intelligents », constituant ce que Rifkin nomme « Internet de l'énergie ».

À partir des concepts de Jeremy Rifkin, on peut aussi se prendre à rêver d'une intelligence rudologique collective pour l'anthroposphère qui pourrait être fondée sur :

- l'Internet des objets, considéré aujourd'hui comme une nouvelle évolution d'Internet, appelée aussi web 3.0 et faisant suite au web social. On connaît déjà, dans notre quotidien, un certain nombre d'objets connectés à Internet : les téléphones, bien sûr, mais aussi des appareils personnels de surveillance médicale. Les systèmes d'étiquetage avec des puces RFID ou des codes-barres permettent d'ores et déjà d'identifier tout type d'objet et d'établir un lien avec le web, avec des bases de données ou des systèmes de géolocalisation. On peut très bien imaginer ce type d'étiquetage utilisé pour organiser et optimiser en temps réel le recyclage des matières ou la réutilisation des objets, la localisation géographique précise pouvant se révéler fort utile au recyclage de proximité ;
- un *waste grid* ou *secondary primary material grid*, gigantesque réseau de recyclage des déchets conçu à l'image des *smart grids* mais où, plutôt que l'énergie, ce seraient les matières premières secondaires, à recycler, qui seraient produites, transportées et utilisées de façon optimale.

L'Inde et le Brésil sont d'ailleurs en train de suivre l'exemple chinois : l'économie circulaire y est considérée comme le seul moyen permettant de faire face à la croissance rapide des classes moyennes, très consommatrices en produits technologiques comme les automobiles et les équipements électroniques, et très productrices de déchets.

De nombreux pays occidentaux ont pris du retard dans la mise en place de l'économie circulaire, en particulier parce que le modèle économique classique, linéaire, y est particulièrement bien ancré et difficile à convertir. L'Union européenne reste peu innovante en matière d'économie circulaire, laissant largement l'initiative à ses États membres et promouvant plutôt le modèle allemand. L'Allemagne est d'ailleurs le leader mondial des technologies du traitement et du recyclage des déchets, avec 17 % des parts de marché, et joue un rôle moteur en Europe avec 200 000 emplois dans l'économie circulaire. Les États-Unis, malgré leur deuxième place dans le marché mondial du traitement des déchets (15 % des parts de marché), font partie des « derniers de la classe » en termes d'économie circulaire, avec leurs 5 % de la population mondiale consommant à eux seuls 30 % des ressources, et jetant après moins de 6 mois d'utilisation 99 % des produits qu'ils consomment.

Transformer les déchets en ressource : le retour de nos alliés les microbes

Le siècle du « bio » ?

En voici donc une nouvelle : le vivant est de retour ! Après un XXe siècle très hygiéniste, gros producteur et consommateur d'antibiotiques, de désinfectants et autres pesticides, pendant lequel le vivant, et en particulier le microbe, est l'ennemi, on redécouvre aujourd'hui l'importance de nos interactions avec les bactéries et les archées. Il ne se passe plus un mois sans que les découvertes de la microbiologie nous éclairent sur l'alliance entre les organismes pluricellulaires et des micro-organismes divers et variés. Par exemple, nous savons désormais que nous hébergeons dans nos intestins un nombre de micro-organismes dix fois supérieur au nombre de nos cellules. Ce « microbiote intestinal », considéré désormais comme un véritable organe, comporte plus de 1 000 espèces différentes et un nombre de gènes 150 fois plus important que nos propres gènes. Il est démontré que sans ces alliés, notre système

Les biotechnologies nous en font voir de toutes les couleurs

Les biotechnologies ne sont qu'à l'aube de leur émergence économique. En 2015, ce sont les entreprises de biotechnologies qui ont fait les entrées en bourse les plus spectaculaires, et les experts prévoient que d'ici 2030 leur contribution au PIB des pays développés sera multipliée par trois environ. On classe actuellement les biotechnologies en cinq secteurs d'application, qualifiés chacun par une couleur symbolique :

- **les biotechnologies blanches**, qui sont appliquées aux domaines de l'industrie, comme par exemple la production de biocarburants (bio-éthanol, biodiesel) par des micro-organismes ;

- **les biotechnologies vertes**, ce sont les technologies d'intérêt agricole. La production d'organismes génétiquement modifiés est la plus médiatisée des biotechnologies vertes ;
- **les biotechnologies rouges**, appliquées au domaine de la santé, pour concevoir et tester des médicaments, pour diagnostiquer des maladies, etc. On utilise même des micro-organismes génétiquement modifiés, chargés de produire des molécules-médicaments, dans des réacteurs fermés, dans des conditions de sécurité maximales ;
- **les biotechnologies bleues**, qui utilisent la diversité génétique des organismes marins pour créer de nouveaux produits (pharmaceutiques, cosmétiques,agro-alimentaires, etc.) ;
- **les biotechnologies jaunes**, ce sont celles qui permettent la dépollution, comme par exemple avec l'aide de micro-organismes consommant les produits pétroliers d'une marée noire.

Alors, quelle couleur pour les biotechnologies de transformation des déchets ? Elles sont multicolores : jaunes parce qu'un déchet transformé, c'est une pollution évitée, vertes pour le compostage qui produit des matières utiles à l'agriculture, blanches quand on transforme les déchets en biocarburants… Il semble pour l'instant que le domaine rouge, celui de la santé, ne puisse que difficilement admettre les déchets comme ressource pour la bioconversion, mais il ne s'agit peut-être que d'une question de temps avant que la recherche scientifique puisse mettre au point des procédés sécurisés… capables de faire virer les déchets au rouge !

immunitaire serait beaucoup moins efficace et que nous ne pourrions pas synthétiser certaines vitamines essentielles. On attribue même maintenant à un dysfonctionnement du microbiote intestinal des pathologies telles que l'obésité, certains diabètes, des maladies cardiovasculaires, des allergies, des maladies inflammatoires chroniques et même le cancer colorectal. Mais nous ne sommes pas seuls dans ce cas : sans leurs microbes intestinaux, les vaches ne pourraient pas digérer la cellulose de l'herbe et les termites la lignine du bois. Et la plupart des végétaux sont aussi de la partie : sans une alliance entre leurs racines, des champignons microscopiques et des bactéries, une symbiose que l'on nomme mycorhize, les écosystèmes naturels les plus complexes, comme les forêts, ne pourraient probablement pas exister.

Notre siècle consacre aussi l'alliance du vivant et de la technologie : c'est ce qu'on appelle les biotechnologies, abordées trop souvent dans les médias uniquement sous l'aspect des modifications génétiques. En fait, les biotechnologies sont définies comme l'ingénierie de la transformation des matériaux par des agents biologiques ; ce sont des technologies de la bioconversion. Et les déchets, matériaux à transformer par excellence, sont une matière de choix pour les biotechnologies !

Les bio-déchets, un gisement précieux

La mise en place d'une économie circulaire nécessite de transformer la totalité de nos déchets en ressource. Parmi eux, ceux que l'on nomme les bio-déchets représentent un gisement de matières organiques biodégradables considérable. On appelle bio-déchets tous les résidus d'origine végétale ou animale : les déchets verts, les déchets de cuisine, les papiers et cartons, bref tout ce qui peut pourrir ou fermenter. C'est d'ailleurs pour cela qu'on les appelle également la fraction putrescible ou fermentescible des déchets. On estime que dans un pays comme la France, près de la moitié des 800 millions de tonnes de déchets produits chaque année sont des bio-déchets :

- les déchets agricoles d'abord, qui sont en très grande majorité des déchets organiques ;
- les déchets municipaux, dont les ordures ménagères, comportant plus de 50 % de bio-déchets ;
- les déchets non dangereux des industries, du commerce et des services, dont une part significative mais assez difficile à chiffrer de déchets organiques, comme les papiers-cartons mais aussi les résidus de l'agroalimentaire et de la restauration, ainsi que les invendus de la grande distribution alimentaire.

À l'échelle mondiale, il est très difficile d'estimer le gisement de bio-déchets.

On sait que les déchets alimentaires, malheureusement, représentent à eux seuls… plus d'un milliard de tonnes chaque année !

Que faire de ces déchets, comment les traiter ? La réponse majoritaire, tout au long du XXe siècle a été la mise en décharge et l'incinération. Mais on sait désormais que ces deux voies ne nous conduiront à rien de bon : les bio-déchets sont constitués en moyenne de 75 % d'eau, ce qui rend leur incinération très improductive, voire totalement inefficace en termes de récupération d'énergie thermique ; leur stockage en décharge est quant à lui source de risques de pollution et leur conversion en ressource *via* la récupération du biogaz de décharge y est difficilement optimisable : la masse gigantesque de déchets stockés au même endroit induit une biodégradation très lente et quelques fuites de biogaz, inévitables à l'échelle des décharges. Or, puisque les bio-déchets peuvent être consommés par les micro-organismes pour lesquels ils représentent une source d'alimentation, il est préférable, et de loin, d'utiliser dans des procédés mieux maîtrisables ces bactéries et ces archées. Ce sont alors de véritables usines chimiques microscopiques que l'on va mettre en service pour transformer la matière organique

Quand le tri coule de source

On ne peut valoriser efficacement les bio-déchets qu'en les triant à la source, pas une fois qu'ils sont mélangés à d'autres déchets. Les procédés consistant à traiter des déchets en mélange voire des ordures ménagères brutes ne donnent pas de résultats suffisamment satisfaisants, à cause des résidus de plastiques et de métaux qui persistent dans le produit final, en particulier dans le compost. C'est pour cette raison que la collecte séparative des bio-déchets est désormais un objectif affiché du ministère de l'Écologie, soutenu en cela par les collectivités territoriales et par les associations d'agriculteurs composteurs et méthaniseurs.

des bio-déchets en un gisement de ressources organiques de toute première importance pour notre économie.

Le compostage est la plus ancienne façon de transformer les bio-déchets en bio-ressources. Le compostage, c'est transformer les bio-déchets en compost, une ressource précieuse pour l'agriculture et le jardinage. La méthanisation, qui consiste à convertir les bio-déchets en gaz méthane, est un procédé apparu plus récemment, au XXe siècle. Contrairement au compostage, la méthanisation doit se faire en l'absence totale d'oxygène. Elle fait intervenir des micro-organismes spécialisés dans ce que l'on nomme la digestion anaérobie. C'est ce type de microbes qui constituent ce qu'on appelait naguère la flore intestinale et que l'on nomme à présent le microbiote intestinal. Mais on peut également transformer les bio-déchets en autre chose que du compost ou du méthane, grâce à un ensemble de procédés regroupés sous le terme générique de « bio-raffinerie environnementale ».

La bio-raffinerie environnementale, les microbes au travail

Le concept de bio-raffinerie environnementale a été élaboré il y a quelques années pour regrouper tous les procédés permettant de transformer les bio-déchets en bio-ressources, en incluant bien entendu les procédés les plus classiques que sont le compostage et la méthanisation, mais aussi tous ceux qui permettent d'obtenir d'autres types de ressources, comme les biocarburants et les molécules plateformes pour la chimie verte.

La bio-raffinerie environnementale est très largement fondée sur la digestion anaérobie, une famille de procédés dont fait également partie la méthanisation. Il se passe beaucoup de choses complexes dans un procédé de digestion anaérobie : c'est tout un écosystème microbien qui se met progressivement en place sur la matière à digérer, chaque groupe de microbes assurant un rôle bien particulier. Un premier groupe, constitué de bactéries que l'on appelle hydrolytiques, va d'abord s'établir en adhérant à la matière solide. Grâce à des enzymes, il va en extraire de grosses molécules comme les protéines (en grande quantité dans les déchets de viande), les lipides (les matières grasses animales ou végétales), la cellulose (dans tous les déchets végétaux et très concentrée dans les papiers-cartons), l'amidon (très présent dans les déchets de féculents), pour les transformer en molécules plus petites, des acides aminés, des acides gras, des sucres simples. Les grosses molécules sont les ressources des bactéries, les molécules plus petites leurs déchets. Comme dans tout bon écosystème, ces déchets ne sont pas perdus pour tout le monde

Biocarburants et chimie verte

Les biocarburants sont des carburants que l'on produit non pas à partir de ressources fossiles comme le pétrole ou le gaz naturel, mais à partir de matières organiques d'origine végétale, animale ou fongique, ce que l'on nomme la biomasse. Les biocarburants sont donc considérés comme une source d'énergie renouvelable, contrairement aux combustibles fossiles. La fabrication de biocarburants s'est particulièrement développée à partir du début des années 2000, sous l'influence d'une forte hausse des prix du pétrole et des inquiétudes grandissantes concernant l'effet de serre. On va alors beaucoup utiliser la biomasse d'origine agricole, comme en France le colza pour produire du biodiesel à partir d'huile, ou aux États-Unis le maïs pour fabriquer du bioéthanol par fermentation. C'est ce qu'on appelle les biocarburants de première génération. Mais cette génération a conduit à un désastre : les cultures pour la production de biocarburants sont entrées en concurrence avec les cultures alimentaires, contribuant largement à faire exploser les prix des aliments... et conduisant à la crise alimentaire mondiale de 2007-2008. Cette voie a dû donc être partiellement abandonnée au profit d'une biomasse non agricole donnant naissance à des biocarburants de deuxième génération. Les bio-déchets font partie des ressources organiques transformables en biocarburants de deuxième génération et offrent l'avantage de rentrer dans le cadre de l'économie circulaire, ne nécessitant pas la production d'une nouvelle ressource. Une production dite de troisième génération est également apparue, à partir de la culture de micro-algues. Cette dernière voie semble prometteuse pour certains scientifiques, tandis que pour d'autres elle présenterait le désavantage d'être trop gourmande en engrais et en produits chimiques, ce qui induirait un bilan environnemental négatif.

La chimie verte, que l'on nomme aussi chimie écologique ou chimie durable, est une nouvelle façon de concevoir la production de molécules, en opposition avec la chimie industrielle telle qu'elle s'est développée depuis la révolution industrielle avec la carbo- puis la pétrochimie. Un de ses principes réside dans l'utilisation de substances peu ou non toxiques et sans impact grave sur l'environnement. Les matières premières de la chimie verte doivent être également le plus souvent possible des matières renouvelables. Les bio-déchets font donc partie des matières de choix pour cette nouvelle chimie.

Des micro-algues dans un réacteur de laboratoire.

puisqu'un autre groupe va prendre le relais des bactéries hydrolytiques en se servant de leurs déchets comme ressources. C'est le groupe des bactéries acidogènes qui vont produire elles aussi des déchets : des acides gras volatils (AGV), des alcools ainsi que du gaz carbonique (CO_2) et du sulfure d'hydrogène (H_2S). Et la chaîne continue, peu à peu les ressources des acidogènes s'épuisent et un autre groupe qui se nourrit de leurs déchets prend à son tour le relais : ce sont les bactéries acétogènes qui consomment les AGV et les transforment en acide acétique (le principal composant du vinaigre qui est en fait le produit d'une bio-raffinerie !), en CO_2 et en dihydrogène (H_2). Et puis, quand la digestion anaérobie est poussée jusqu'au bout, le dernier groupe à s'installer sur les déchets des acétogènes est constitué par des archées, que l'on nomme méthanogènes parce qu'elles vont produire, bien sûr… du méthane (CH_4), mais aussi du CO_2, le mélange des deux constituant ce qu'on nomme le biogaz.

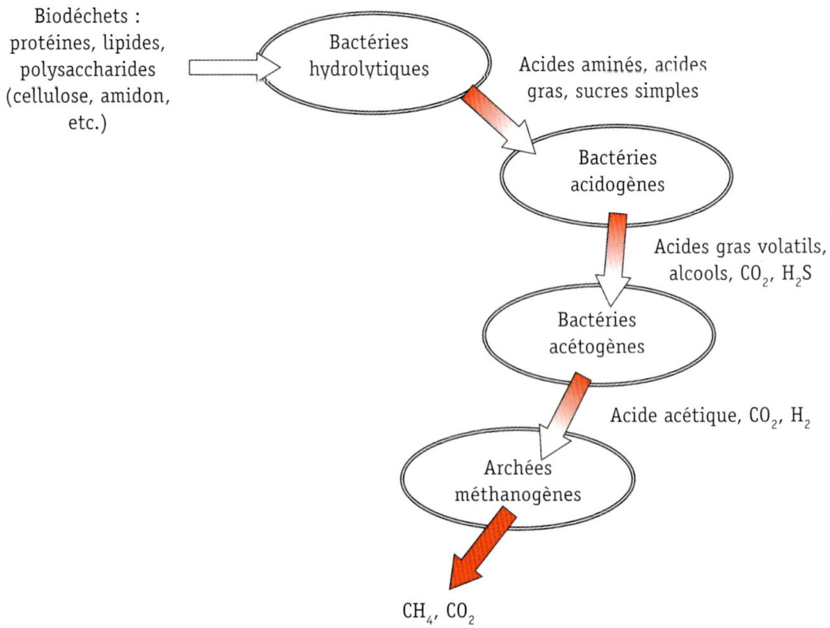

Dans un procédé de digestion anaérobie, les groupes microbiens se succèdent pour transformer la matière organique complexe contenue dans les bio-déchets en molécules de plus en plus petites et simples, les déchets métaboliques d'un groupe devenant les ressources du suivant. Sur les flèches du schéma, la couleur rouge symbolise un déchet, le blanc une ressource.

Différents facteurs physico-chimiques, comme par exemple la température ou le pH, permettent d'orienter les métabolismes et de favoriser certains groupes plutôt que d'autres. On peut ainsi orienter le procédé de bio-raffinerie en fonction des matières que l'on veut produire : du bioéthanol ou des bio-molécules pour la chimie verte comme le butyrate, le propionate ou le lactate en bloquant le processus à l'étape d'acidogénèse ; on produira de l'acétate, toujours pour la chimie verte, mais également du dihydrogène, utilisable par exemple dans une pile à combustible, en l'arrêtant à l'acétogénèse ; enfin, on conduira le procédé à son étape ultime, la méthanogénèse, pour produire du biogaz utilisable comme combustible ou même comme carburant.

Sous toutes ses formes, le vivant est à la fois notre essence même, notre inspiration, notre passé, notre futur. Il peut être notre allié comme notre ennemi. Exactement comme les déchets !

Le projet de recherche Biorare

Financé par le programme « Investissements d'avenir » du Conseil général à l'investissement, ce projet est porté par trois laboratoires publics en partenariat avec un industriel de la valorisation des déchets. Il vise à mettre au point un dispositif innovant qui devrait permettre de produire des molécules organiques variées, pour faire par exemple des biocarburants ou de la chimie verte à partir de bio-déchets. Le dispositif est innovant car il va faire intervenir l'électricité pour « doper » les micro-organismes chargés de la bio-raffinerie : on leur fait soit « respirer », soit « manger » une électrode, c'est-à-dire un matériau conducteur, par exemple du métal ou de la fibre de carbone, dans lequel les électrons vont circuler très facilement. En imposant deux potentiels électriques déterminés à deux électrodes, une anode et une cathode, on va leur faire jouer respectivement le rôle d'accepteur et de donneur d'électrons pour les micro-organismes qui vont s'y développer. En fonction des potentiels électrique imposés, on va tenter d'orienter le métabolisme des micro-organismes, comme si on réglait avec un simple bouton leur niveau de fonctionnement. Et chaque « niveau » de métabolisme va en théorie produire des molécules différentes.

L'objectif final du projet de recherche ? Faire travailler les micro-organismes de mieux de mieux, c'est-à-dire transformer de plus en plus de déchets en ressources de plus en plus précieuses.

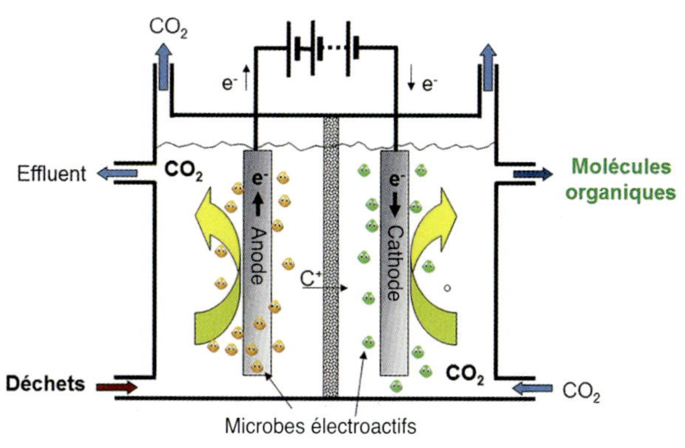

Crédits photographiques

p. 6-7, 11, 33, 133, 161 : Jean Weber, Inra

p. 9, 10, 53, 56, 58, 61, 66, 74, 117, 127, 130 : Christian Duquennoi, Irstea

p. 13, 49, 124 : Madeleine Carroué, Irstea

p. 15 : Tony Hisgett

p. 16 : Hubble Heritage ; National Institute of Allergy and Infectious Diseases (NIAID)

p. 18 : Martin Roell

p. 19 : ESA/Hubble and NASA

p. 31 : Artur Luiz

p. 34-35 : Eli Duke

p. 43 : Julien Carnot

p. 51, 54 : James St. John

p. 52 : Emmanuel Morin

p. 59 : Oregon State University

p. 62 : Micah MacAllen

p. 63 : Scott Bauer

p. 68-69 : Didier Descouens

p. 71 : Tim Evanson

p. 73, 104 : Claude Valette

p. 78 : Mike Gnuckx

p. 79 : Todd Huffman

p. 80 : Jay Cross

p. 83 : seetheholyland. net

p. 88 : Hans Splinter

p. 91 : Ken Ratcliff

p. 92 : Sam Beebe

p. 94 : Frédérique Voisin-Demery

p. 95 : Wendy Kennin

p. 96-97 : Kiono/Fotolia

p. 100 : Glen Scarborough

p. 102 : shantishakti7

p. 103 : Kristina D. C. Hoeppner

p. 106 : Tyler Bell

p. 107 : Marc Kjerland

p. 108 : Hiking in Jordan Website and Guidebook

p. 112 : Jasonwoodhead23

p. 113 : Daniel Jolivet

p. 114 : Reproduction d'un portrait de John Graham Gilbert au City Museum and Art Gallery, Birmingham. Domaine public.

p. 116 : Joshua Rothhaas
p. 118 : John MacSporran
p. 119 : Dean Calma/IAEA
p. 121 : Jean-Marc Le Bars, Irstea
p. 123 : Pascal Mallard, Irstea
p. 126 : Collection BIU Santé Médecine
p. 128 : Marie-Emilie Mollaret, Irstea
p. 135 : Laurent Guyonneau, Irstea
p. 137 : Neil Williamson
p. 138 : Lindsay Hoshaw
p. 140-141 : Victorgrigas
p. 150 : Karen Blakeman
p. 151 : Kirsty Hall
p. 152 : News Øresund, Malmö, Sweden
p. 153 : Matthias Loebermann
p. 156 : Bo Gao
p. 157 : Norman Foster
p. 159 : United Soybean Board or the Soybean Checkoff
p. 163 : Umberto Salvagnin

Édition : Mickaël Legrand
Maquette, couverture et mise en page : Gwendolin Butter

Imprimeur : FINIDR, République tchèque
Dépôt légal : novembre 2015